Dialogues on International Standards

A Guide to the Global Age

TANAKA MASAMI
田中正躬

国際標準の考え方

グローバル時代への新しい指針

東京大学出版会

Dialogues on International Standards: A Guide to the Global Age
Masami TANAKA
University of Tokyo Press, 2017
ISBN978-4-13-063815-9

はじめに

日本で、国際標準の重要性が議論されはじめてから久しい。

現在、国際標準は、経済社会のあらゆるところで自己主張しはじめ、従来の静かな縁の下の力持ちであった日常の生活を支える標準は、その性格を大きく変えている。

情報通信技術の進展は、さらに情報ネットワークを高度にし、サイバースペースでの、次の技術革新を起そうとしている。つながることを前提にする社会では同時に、相互の運用を保証する標準が不可欠になる。今後、このような変容を遂げつつある標準の世界と、いい意味でも悪い意味でも、私たちは付き合っていかざるを得ない。

このような大きな変化により、標準に馴染みの少ない多くの人々は、国際標準の世界で何が起っているかわからず、無関心になるか、あるいは国際標準の存在感に戸惑いを感じているのではなかろうか。

私は、たまたま国際標準という森に迷い込み、すでに二十数年を過ごした。国際標準化機構（ＩＳＯ）の会長や、米国の国際的な標準機関の理事、アジア太平洋地域の標準に関する委員会の議長などを務め、国際標準の森の中を「世界市民」の目から見てきた。森には、いろいろな種類の樹もあり、鳥も鳴き、雨が降ると雨露をしのぐ小屋もあった。国際標準という森を見る方法を教えられ、自ら納得しながら経験してきた、いろいろな風景を思い出す。

10年近く前のある時期から、日本の大学をはじめとして、いくつかの大学で国際標準についての講義やセミナーをもつようにもなった。今もいくつかの大学で、講義をもち、海外の専門家を交えたセミナーも行なっている。

企業の方々や官僚の方々と、国際標準の話をすることもある。国際標準への取り組みが重要であるとか、グローバルなスタンダードに合っていないことが問題であるとの指摘も多くある。日本の優れた技術を基に、国際標準を公的な世界の標準機関でつくり、日本の新しい製品やサービスを世界に広げ、標準を支配する世界のルールメーカーを目指すべきである、と。このような議論は、明快でわかりやすいが、何となく違和感をもつ。現実はもう少し複雑ではないのか。また現在の国際標準の問題は、企業の標準戦略と同じように、グローバルな時代の標準と規制の係わり方が重要ではないのだろうか。

また多くの人は、国際標準の議論をすると、標準をつくる方に重点を置く。私は、標準づくりは標準の使い方、すなわち適合性評価と車の両輪ではないかとつねに考えてきた。

本書は、このような著者の経験と考えをもとに、これまで標準に馴染みのない方にも関心をもってもらえるよう、国際標準について書くものである。とくに、国際標準のつくり方と使い方（適合性評価）という二つの視点からまとめるものとした。

多くの方に、ここ数十年の間に大きく変容を遂げた「国際標準」の世界を理解し、標準に敏感になってほしいとの思いから執筆に至った。本書がその一助となれば幸いである。

目次

序章　国際標準と適合性評価

私たちの住んでいる空間を見渡すと、通常は意識しない多くの標準が、静かに働いている。パソコンには、数百の国際標準が使われている。配列の決められたキーボードをたたいて文章をつくり、メールを送り、写真をファイルで送ることができるのも、すべて標準のお蔭である。文章ファイルの書体を明朝の字体に選択し、プリンターでＡ４の紙に印刷できるのも、すべて標準によって決められたように動くからである。乾電池の電気がなくなり、蛍光灯が切れても、新しいものを買えば、問題なく使える。これも標準により互換性や相互運用を保証する仕組みができているためである。また電子レンジや冷蔵庫も安全にできているし、期待した性能を発揮する。あらかじめ、機器を使用するときの安全を確保するように、標準が機器の機能や性能を規定しているからである。

世界の異なる地域で、異なる企業がつくった乾電池を買っても、異なる国の異なる企業の電子機器に、その乾電池を装着し使用できることは、よく考えると不思議なことである。

それを可能にしているのが標準である。標準が互換性や相互運用を保証し、安全を確保できるように、必要とされる技術の内容を文書化することによって、その内容どおり、商品をつくったり操作をしたりすれば、誰が行なっても同じ結果が得られる。このような私たちの生活を支える標準は、国際的な標準をつくる専門的な組織であるＩＳＯ（国際標準化機構）から、日本の国家標準であるＪＩＳ（日本工業規格）、さらにマイクロソフトのような一企業の標準まで多岐にわたっている。標準の作成は、ＩＳＯやＪＩＳのような中立的な機関により、専門知識をもつ人々の強力な支持のもと、利害関係者の意見を入れた合意に基づくものから、マイクロソフトのような企業による、市場での競争に勝ち残るためのデファクト標準（129頁参照）までさまざまである。

標準をつくる仕組みは、人々の交流が拡大するとともに、その役割も大きくなっていった。近代的な標準制度ができあがったのは、産業革命による文明の近代化が進行したのと軌を一にする。科学技術の知識に基づき、合理的な手続きを経て、客観的な標準をつくる専門機関が、国内的にまた国際的に整備されたのは、第二次世界大戦後である。

変貌する国際標準

１９８０年前後から始まった、規制緩和や情報通信をはじめとする技術革新は、世界市場の性格を大きく変え、19世紀末の大国際化時代とは異なる、再度のグローバリゼーションの時代を迎えた。古典的な、公的な国際標準機関で決められたネジや鉄鋼の標準は、使われる用語の定義がなされ、決められた形式になったものを標準としてきた。これを一方の極とすると、対極にあるのは情報通信関係の標準である。インターネットなどの普及により、ネットワークの時代になり、商品やサービスが、ネットワーク上で期待どおりの機能を発揮するためには、接続する部分、つまりインターフェイスが相互にうまく働かなければならない。まさにビジネスの根幹に係わる相互接続を意味する標準は、古典的な標準のように形式的に整った文書の標準ではない。それらは、民間企業や企業の集まりが、市場で競争をするためにつくった標準である。極端な場合は、相互接続に欠かせない特許自身を「標準基本特許」として標準と解釈している。

一方、国際化の時代になり、国境を越えて安全や環境問題に取り組むことが重要になってきている。しかしながら、国が集まる国際機関で、問題を解決するための共通のルールをつくるのは、国間の利害が衝突するため、達成が難しい。そのため、国とは独立した国際標準を用いて、安全の確保や環境問題を解決しようとする試みが多く見られるようになった。EUが数十年の歳月をかけ完成したCEマークの制度や、多くのNGOが国とは独立して自らの考えのもと、持続的発展などの目的を達成するために標準をつくるなど、それを実現するための多くの仕組みが現れるようになっている。

このように、身の回りで静かに役に立っていた標準が、多くの国々が関連する国際的な取引や、NGOが活躍する持続的発展の取り組み、さらに異なる国の安全の確保や環境の保全の場で、近年、ますます存在感を高めるようになってきている。従来は企業組織の中で実務家の仕事とされていた標準は、企業が国際市場でビジネスを行なうに当たり、企業戦略の重要な道具とされ、多くの企業の経営者が、国際標準戦略を唱えるようになってきている。

適合性評価の重要性

このように拡大する標準の利用には、標準の技術的な中身だけでなく、標準を用いるときの決まりも重要である。標準は、書かれた文書をその内容に忠実に従い、モノをつくり、操作をして、実施される必要がある。このような行為を、適合性評価という。

標準が立派な内容をもっていても、要求どおりに実施されなければ、標準の力が発揮できないだけでなく、事故や危険にさらされることがある。多くの土木建築、機械などの分野では、適合性評価を適切に行なっているかどうかを強く意識する。標準の内容どおりに、必要なことを実施したり、操作したりしないと、事故やトラブルが起る可能性があるからである。一方情報通信機器の場合も、日頃機器を使っている多くの人が適合性評価自身を意識することはないが、標準どおりに機器をつくらないと機器が動かなくなるため、数多くの厳密な適合性評価を経て製品ができあがっている。すなわち、「標準を使う」ことに係わる適合性評価は、標準制度における「標準をつくる」ことと併せて、車の両輪である。

多くの国際標準の書籍には、この適合性評価のことがあまり触れられていないが、標準制度を考えるときには、コインの裏と表の関係にある重要なことである。そこで本書では、この適合性評価の問題を、「標準づくり」と同様に扱う。

実は国際標準の制度が、大きく性格を変え、生活に大きな影響を与えはじめたのは、標準づくりだけでなく、適合性評価のやり方が、より意識的になされる制度に変わったことによるところが大きい。

本書の構成

本書の視点は、現代の経済社会全般にわたる。国際標準が存在感を高め、大きな影響を与える姿を描き、現在、どのように国際標準が係わっているのか、さらに国際標準の課題とその解決の方向を探る。このような標準に係わる現象は、第二次世界大戦後、すでにできあがっていた古典的な標準制度が、情報通信技術の進展とグローバル化した市場経済の中で、大きくその性格を深化させ、変容させた結果でもある。本書では、以上の理由から標準の範囲を広く取り、次のように定義している。

同じ結果や成果が期待できるように、技術の内容を文書化し、文書の内容どおり実施（モノをつくったり、操作をしたりする）すれば、誰が行なっても同じ結果が得られる「文書で書かれたもの」。

まず第I部に当たる第1章から第3章までは、現代の経済社会の中で、どのように国際標準が存在感を高めたかを扱っている。第1章では、ビジネスの世界が、情報通信技術の進展およびグローバリゼーションの影響を受けながら、どのようにして国際標準と係わり合いを深めていったかを見る。また1980年頃から、競争政策、規制緩和といった、国の公共政策が大きく変わったため、企業を取り巻く経済に関する制度は大きく変貌した。その中で、特許をはじめとする制度と国際標準がどのような係わり合いをもつことになったかを検討する。第2章では、国際化時代における国の規制と国際標準の問題を取り上げる。規制と標準は本来どのような関係にあるのか、規制に標準を用いるときの課題を検討する。また、EU域内の市場の統一を一つのケースとして取り上げ、どのように標準に係わる課題を解決していったかを明らかにし、そこからの教訓を検討する。第3章では、市民社会の中に浸透していく、国際標準の姿に光を当てる。私たちの身の回りに、マークや表示が溢れるようになった現象を、国際標準の観点から見てみる。NGOだけでなく、企業の集まりが、なぜ1990年代になり、環境保全をはじめとする持続的発展や人権の保護を訴えるのに、商品やサービスに標準の一例である適合マークを使うようになったかを分析する。

第Ⅱ部に当たる第4章と第5章の二つの章は、原点に戻り、標準の基礎を理解してもらうための章である。すでに標準の知識に詳しい読者は、この二つの章は、読み飛ばしてもかまわない。第4章では、標準がどのような潜在的な力を持つかをまず解説し、標準の定義や、種類、さらに誰がどのようにつくるのか、どのような違いがあるのかなど、標準を供給する側からの話をする。第5章では、その標準を利用する際にどのようなルールや考え方をふまえるべきかを明らかにし、標準を利用して信用を付与し、標準の価値を発揮するための体系である適合性評価について、「標準を使う」需要側からの解説をする。

ここで一休みのティーブレイクとして、130年以上前の国際会議である子午線会議を取り上げる。現代の国際会議とほぼ似たようなやり方で会議の運営がなされ、交渉に当たり不利な側がどのように対応したかも興味がもたれるところである。

第Ⅲ部に当たる第6章と第7章では、国際標準について広い議論のなされている挑戦すべき課題を取り上げる。第6章では、多様化し、分散化していく国際標準の統治、すなわちガバナンスの問題を取り上げる。本問題に一番大きな問題を投げかけたのは、WTOの「国際標準」の定義である。この定義がどのような意味をもつかを、地球時代のガバナンスのあり方から考えてみたい。第7章では、標準が経済社会に及ぼす影響について、古くからあるテーマ「標準と技術革新」の問題を取り上げる。標準は、技術を固定し、技術の選択肢を制限するという意味で、マイナスの効果を与えるものとして議論されてきた。「タイプライターのキーボードの配列」と、情報通信技術分野のMPEGを例として取り上げ、比較検討し、そこから得られる教訓をふまえ、標準づくりをするタイミングを検討する。

終章では、各章の要約のほか、全体のまとめと将来への示唆に触れ、本書の全体の趣旨をまとめている。近代化の中ですでにできあがっていた国際標準制度は、情報通信技術の進歩や、国の規制緩和による多くの制度の変化、またEUによる国際化時代の規制に関する国際標準の使い方の変更など、1980年前後から起ったさまざまな変化により変容したことを説明する。また将来の経済社会が、ネットワークにより、ますますつながりを深めていく中で、国際標準の果たす役目と公共政策の課題、とりわけ標準教育の重要性を述べる。

本書は、国際標準の考え方や、「なぜか」という問いへの答えを中心とし、国際標準の背景にあるさまざまな要素を説明することに力点を置いている。そのため、あまり国際標準に関心がなかった方々にも読んでもらえるよう、いくつかの配慮を行なった。

一番目は、できるだけ読みやすくする配慮である。国際標準の話をするときに、海外の組織を含めて固有の名称を使うと、文章がわかりにくくなる。さらに、馴染みのない固有名詞がたくさん出てくると、それに拍車をかける。そのため、できるだけ個別の名称は避けるようにした。ただし、私と関係が深かったＩＳＯと、ＩＳＯと所在地もほぼ同じで、仕組みやルールも共通している電気分野の国際標準機関ＩＥＣ（国際電気標準会議）とを合わせＩＳＯ／ＩＥＣとし、公的な国際標準をつくる例示の代表としたため、この言葉は文中に多く登場する。また標準を論じるとき、日本では、規格や標準、さらに場合によっては標準規格や標準化などの用語が使われる。言葉自身が広い意味をもち、使い方がそれぞれの人により異なる場合があるため、本書では標準という言葉に統一した。

二番目は、全体を一貫して読まなくてもいいように配慮したことである。若干の重複があるようになってしまったが、それぞれの章は独立して読んでもらえるよう、自己完結的に書かれている。また、各章の終わりにＢＯＸを設け、国際標準の基本的な事項を記述している。８個のＢＯＸを見れば、基本的な視点が得られるだろう。

それでは、現代の経済社会の中で、国際標準が存在感を高めていくく姿を述べた第Ⅰ部を見てみよう。

I　現代社会と国際標準

第1章　変貌する国際企業戦略

1990年前後、日本はその優れた「モノづくり」の技術で、世界の多くの国や企業から賞賛されたが、いつのまにか、産業の国際競争力が問題になり、日本の市場や企業の商品、サービスが「ガラパゴス化」しているといわれはじめた。日本の産業は、グローバルな国際標準に基づいていないため、独自の国内市場で形成された標準では、国際市場の競争には勝てないとの指摘がある。国際標準という土俵は、国内市場で切磋琢磨された標準の土俵とルールが異なるため、どんなに特定の技術が優れていても、勝負に勝てない、と。

確かに、多くの企業がひしめく、競争の激しい日本の市場を重視することは、重要な経営戦略の問題であるが、日本で使われる標準を国際標準にするときはいくつかの問題が生じる。そのため、自分の馴染んだ標準、すなわち自分のルールに従い、馴染みのない他国の標準に基づく場で競争すると不利になることが多い。

情報通信技術（ＩＣＴ）の分野では，ネットワークに商品やサービスを接続する必要があり，互換性や相互運用の可能性を確保するため，その標準を巡り，企業の標準戦略が不可欠である。ＩＣＴの時代では，ネットワーク効果により，参加者が多いとその分だけ利便性が増える。そのネットワークを支援するアプリケーションソフトなどの供給支援者が多いほど，多くの利用者をそのネットワークに取り込むことができ，企業として有利な立場に立てる。また商品全体の標準やインターフェイスの部分の標準と特許をはじめとする知財と組み合わせることにより，より自らの市場戦略を有利に進めることができる。

歴史を振り返ってみると，20世紀の当初から，同じような標準や特許を企業の経営戦略として用いるケースは多く見られ，現在問題とする企業の国際標準戦略がなかったわけではない。それでは，現代はその戦略がどのように変わったのか？　また過去とは異なるどのような特質があるのか？

この章では，このような疑問をふまえ，なぜ国際標準が企業の経営戦略と密接な関係をもつに至ったかを明らかにする。また標準と特許制度との係わり合いにどのようなルールが適用され，企業の標準戦略にどのように影響を与えるかを検討する。同時に，このような企業の経営戦略の大きな変化は，標準制度自身にどのような影響をもたらしたかを取り上げる。

ヴィクトリア朝時代のインターネット

19世紀の後半は、グローバリゼーションが大きく進展した時期である。米国での大陸横断鉄道も完成し、ジュール・ヴェルヌが、1872年に船と鉄道を利用して、80日で人が世界を一周する冒険物語を発表した。輸送コストが大幅に低下して、世界各地での商品の価格が均一化に向かい、世紀の後半までは関税も低く世界貿易が拡大した。また英国が、世界中に資本の投資を行ない、移民をはじめとして人の移動の激しい時代であった。

人の物理的な移動は、今と比べれば時間がかかったが、世界中の企業や人々の結びつきがより密接になり、グローバリゼーションの時代を迎えた。とくにサミエル・モールスの発明を基に、1868年にウィーンで、万国通信連合（現在のITUの前身）が開催され、そこで合意されたモールス信号の国際標準は、その後電信技術を基とした通信のネットワークへと発展することとなる。サイエンスライターであるトム・スタンデージは、これを「ヴィクトリア朝時代のインターネット」と名づけ、現代の私たちの情報革命について、一世紀以上前の時代との類似性を指摘している。株の取引、事務連絡などのビジネスへの活用や、オンラインでの求愛やチャットなどの利用、コミュニケーションを簡略化するための文章の圧縮技術、ハッカーの登場やそのための対策としての暗号化など、ノードを通じて情報が伝達されていく形式やプロトコールによる拡張性の存在などがあったとする。またインターネットで利用される特定の言葉――トーマス・エジソンなどのように、電信を打つスピードの速さで稼ぎがいいボーナスマンや、富を成した人をブーマーというなど、それまでにない言葉があふれる文化現象を指摘し、現代のネット社会の源を暗示している。物理的な移動は世界一周に80日間かかるものの、電信技術により情報は、すでに完成した大西洋横断ケーブルで一瞬にして伝わる時代、すなわちグローバリゼーションの時代をより強化する通信技術が現れたことをスタンジは強調している(1)。

それぞれの地域に住む人々は、その地域の中で通用する慣習や儀式を基に、その地域に埋め込まれた生活の指針をもったが、近代化とともに付き合う範囲が拡大し、しだいに特定の関係者だけでなく、多くの人が共通に理解できる指針やルールが必要となった。そこでは数値化や文書化された標準が不可欠で、グローバリゼーションが本格化する以前から産業活動や人々の日常生活に定着していた。標準化についてみると、19世紀半ばから、企業の間で標準化されたウィットワースのネジを用いたり、銃を標準化された部品で製造したり、鉄道の分野でのゲイジをはじめ部品の互換性などを支える標準があった。

しかし総じて企業の規模は小さく、ヴィクトリア朝時代の電信によるネットワークは規模も限られ、標準化を市場の支配力と結びつけるようなことは生じなかった。しかし、時代とともに標準と企業の市場支配力が問題になるケースも見られるようになってきた。

標準の市場支配の前史

歴史をひも解くと、標準による市場支配や、標準を巡る企業間の争いが多く見られる。まずヴィクトリア朝時代のインターネットを変えていった通信システムにその例を探そう。

（1）マルコーニの標準戦略

電信を用いた通信システムは、無線やさらに電話へと大きく変貌していく[2]。

後にノーベル賞を受賞するグリエルモ・マルコーニは、莫大な費用がかかる海底ケーブルが必要となる有線の通信システムに代わる、無線のシステムの開発を目指した。無線技術は、19世紀末に現れた先端技術で、地球上の通信を可能にすることになるが、マルコーニは、1897年に会社を設立し、1901年に大西洋間の無線の実験に成功した。

その後マルコーニは、海洋王国である英国に自分の通信技術を売り込み、その技術はロイズ保険会社や英国海軍に普及しはじめ、世界の要所に海運局を設け、いち早く通信ネットワークをつくった。また船舶の通信に目をつけ無線を受ける施設を設けたが、船舶には無線の装置を売却せず賃貸にした。

彼の英国特許7777号は、電波の同調に関して有名であるが、その技術は、全般に画期的なものはなく、無線に関係する優れた技術者を雇い、数多く特許をとって自分のシステムを守った。彼の事業家として優れた点は、特許によるシステムの保護を背景に、標準化した装置を相手に売らず、賃貸にし、修理や維持をマルコーニのつくり上げた仕組みのなかで行なったことである。また、マルコーニは、無線技術を習得するための学校を設立し、訓練された無線技師はマルコーニ社の名簿に登録された。施設やサービスを売れば、有用な研究や技術を維持するだけの高い価格を付けられないと考え、クローズドな「マルコーニズム」という無線通信方式を完成した。マルコーニ社は、膨大な利益をあげた。

1912年のタイタニック号の沈没は、無線の実用の重要性を人々に強く認識させることになった。しかしマルコーニのシステムはクローズドで、たとえば遭難信号はSOSではなく独自のコードが使われていたため、汎用性がない点が問題であった。その後ITUにより無線システムの標準化が進み、それと同時に、ドイツ政府の援助を受けたジーメンスとテレフンケンや、米国の国策会社RCAがこの業界に参入し、マルコーニ社と世界の市場を分けることとなる。

(2) 敗北したエジソンの標準戦略

この現代の情報社会の前触れとなる企業の標準戦略の仕組みは、次々と新しい技術が現れ、また軍事的な重要性からそれぞれの国で国家の管理が中心となったことで、変化を遂げる。

マルコーニの通信システム以外にも、歴史をひも解くと現代の教訓となるような個々の商品の標準に係わる企業間の競争のほか、ネットワーク社会の興味深い例がいくつかあげられる。ポール・デイビッドにより分析された、エジソンの直流送電とウェスチングハウスの交流送電の争いはその一つの例で、ビデオレコーダーの二つの異なるシステム（VHSとβ）の争いに類似した例である。電球を発明して家庭に明かりをもたらしたエジソンは、いち早く直流による送電システムをつくり電気の提供を行なったが、ウェスチングハウスは整流器を発明し、交流による効率よく安全な送電システムをつくり、エジソンの帝国に挑戦した。結果は、現在私たちが利用する交流送電が勝利をおさめるが、これも送電をどのような仕組みで行なうかといった標準戦略の争いである[3]。

(3) 標準石油会社の世界支配

システムの標準争いは、電気・通信の分野のみでなく、20世紀以前に他の産業分野でも起っている。その例の一つは、ジョン・ロックフェラーが石油事業で独占体制を築き上げるきっかけになった「灯油」である。石油産業は、クジラの油に代わり、照明を供給する灯油で始まった。当初は多くの事業者の供給する灯油は、粗雑な方法で精製するため品質がバラバラで、揮発成分が多いと爆発や火災をたびたび起した。ロックフェラーは、消費者に安心して使ってもらえる、「標準となる油」を供給する社会的使命をもつ会社「スタンダード・オイル」(標準となる油)を設立した。粗悪な企業を統合・合併し、大規模な近代的精製工場を設立、流通を支配し、安定的な品質の灯油を独占的に供給した[4]。後には巨大な石油企業のもつ特許をプールし、精製技術を特定の企業で独占するという、現代のパテント・プールを市場支配の戦略とした。

以上、グローバリゼーションが飛躍的に進展し、電気通信の革新技術など、先端技術が多く現れ、通信システムも電話や無線に代わり高度化し、さらに安定的な交流による電力の供給システムなどができあがっていく例を見てきた。そこでは、技術革新に支えられた国際化時代の中で多くの標準戦略が見られた。標準品を前面に出した市場支配、標準と特許を組み合わせての市場支配、企業間の異なった標準システムの争いなどがすでに頻繁に見られたのである。

しかしなぜこの時代は、国際標準を企業戦略の重要な柱にすることが今ほど騒がれなかったのか？

また現代の企業の国際標準戦略といわれるものはこの時代と何が変わったのか？

公的管理と巨大企業の出現

19世紀後半以降の経済社会は、市場主義に支えられたグローバリゼーションの時代を迎え、企業の形態も変化していく。それまでは分散された小さな規模の企業は、競争の圧力や新技術への取り組みを求め、集中化や合併により、より規模の大きい企業へと変貌していった。この過程で企業間での価格の取り決めや、大企業による独占力など、市場に悪い影響を与える事件が多く見られはじめた。そのため米国では、国による独占排除のための法整備がなされた。たとえばスタンダード・オイルは１９１１年には34の企業に分割されている。またマルコーニが採用した、特許を標準戦略と結びつけ、自社の商品やサービスの購入を強制する「抱き合わせ販売」や、排他的な取引も禁止されるようになった。さらに特許をプールし独占的な特許の運用を図る行為も禁止された。１９２９年の世界恐慌に端を発した世界経済の大混乱の中で、ルーズベルト大統領は、特許を基にした独占やカルテルが産業の寡占体制を生み、経済に悪影響を与えるとし、強力な独禁政策を進め、パテント・プールなどの国際カルテルを排除した。

このような特許制度を厳格に独占禁止法の観点から運用する政策は、第二次世界大戦後のパクスアメリカーナの時代にも米国の基本的政策として維持された。

一方時を同じくして、コストの低減を図る「規模の利益」や経営資源を他の分野に利用できる「範囲の利益」は、研究開発のリスクも十分に負担することを可能にしたため、企業の規模はますます拡大していった。結果として、事業部制などにより市場の不確実性を主体的に管理する、いわゆる大量生産に適する垂直統合企業が出現した。企業を支えるエリート社員は、自らのグローバルな生産計画により、需要と供給の管理、資本の準備、事業に係わるリスクの最小化を行なった[5]。しかし企業に対する政府、とくに独禁政策の関係は、つねに緊張をはらんだものとなった。IBMの再建を1990年代に手がけたルイス・ガースナーは、IBMの過去の企業文化を振り返り、情報産業分野で巨人となったIBMでは、1960年代以降、つねに独禁当局との争いがあり、企業分割の危機にさらされ、社内では市場、競争相手、支配、主導という言葉を使うことを禁じ、IBMの寛容な文化をつくっていたと述べている[6]。現在多く見られる標準や特許を用いた企業戦略がいかに難しい時代であったかを彷彿とさせる。

変貌する企業の組織――モジュール化と分散化

(1) モジュール化の衝撃

IBMは、「モジュール化」という画期的な考え方で、コンピューター「IBM360」の異なる機能をもつシリーズに、同じ仕様書と付属機器に基づきアプリケーションも使用できる、互換性をもたせた設計を行なった。ＢＯＸ１にあるように、モジュール化され、インターフェイスが明らかとなったコンピューターの部品は、新規参入した多くの企業も供給できるようになり、研究開発や新しい考え方によって、次々と情報処理産業を担う企業を増やしていった。この考え方は、さらに１９９０年代になりディジタル技術の進展とともに、コンピューターを超え、情報処理産業に広く行きわたり、標準化されたモジュールとしての部品やソフトが世界中の多くの企業に担われることになった。アナログの技術に比べ、ディジタル技術に支えられたデバイスや機器には厳密な「擦り合わせ技術」が必要ないからである。

さらに重要なことは、モジュール化による企業組織の変化は、完成品と部品やソフトの関係にとどまらなかった。情報処理技術の飛躍的な発展により、企業組織自身の、製造や販売を含めた管理技術が飛躍的に進歩し、地球規模での分業体制が可能となった。企業は、組織自身を複雑なシステムと考え、インターフェイスを標準化することにより、水平分業による新しい「モノづくり」のプラットフォームをつくっていくこととなる。たとえば、半導体産業におけるファブレス半導体企業は、デザイン、開発、マーケットという機能はもつが、自前では半導体の製造は行なわず、専門的なファウンダリング（製造企業）に委託生産することとなる。また欧米の自動車産業では、よりその地域ニーズに応えたプロダクト・デザイン戦略やサプライ・チェーン戦略にモジュール化を用いて、外生部分の割合を増やしていった。

標準化に支えられたモジュール型システムは、従来の製造段階からの大量生産技術の標準化と異なり、より抽象的な企業活動全体のルールを、可視的なデザインとして標準化したもので、標準化された文書に従えば、関係する主体は自分の担う諸活動を期待する結果として得られることとなる。企業では不確実性をなくすために企業内で仕様書に基づき部品などを製造したり、組織の管理をしていた部分を独立させ、この組織をモジュール化して外部に出すことになる。

(2) 分散化する企業

企業活動に必要な資源を内製化するか、あるいは市場での契約や、その時点ごとに短期的に外部から調達するかは、企業の経営戦略による。垂直統合型の大企業は、市場で調達するよりも必要な資源を内製化して、企業の中に蓄積された経営資源で管理する方が、事業のリスクをより減少でき、市場の変化に対応した商品やサービスをより適切に供給できるという考え方に基づいている。

しかし海外市場の拡大や、多くの関連する商品の出現により、市場が厚みを増し、また従来は希少であった企業活動に必要な原材料および部品が、モジュール化により安定的に供給されるようになると、たんなる下請けによる外部依存を超え、企業外に調達先を求め、内製化部分を減らすことができる。1960年代までのファイリング・キャビネット、カーボン紙、タイプライター、コピー機などコーディネーション技術は、大きく姿を変えた。「モジュール化」と相まって、情報処理技術の進歩と情報ネットワークの進展は、「モノづくり」の空間を、従来の自社の工場という枠を超え、異なる地点にある設備や工場を、あたかも同一工場であるように統一的に管理できる、トーマス・フリードマンがいう「フ

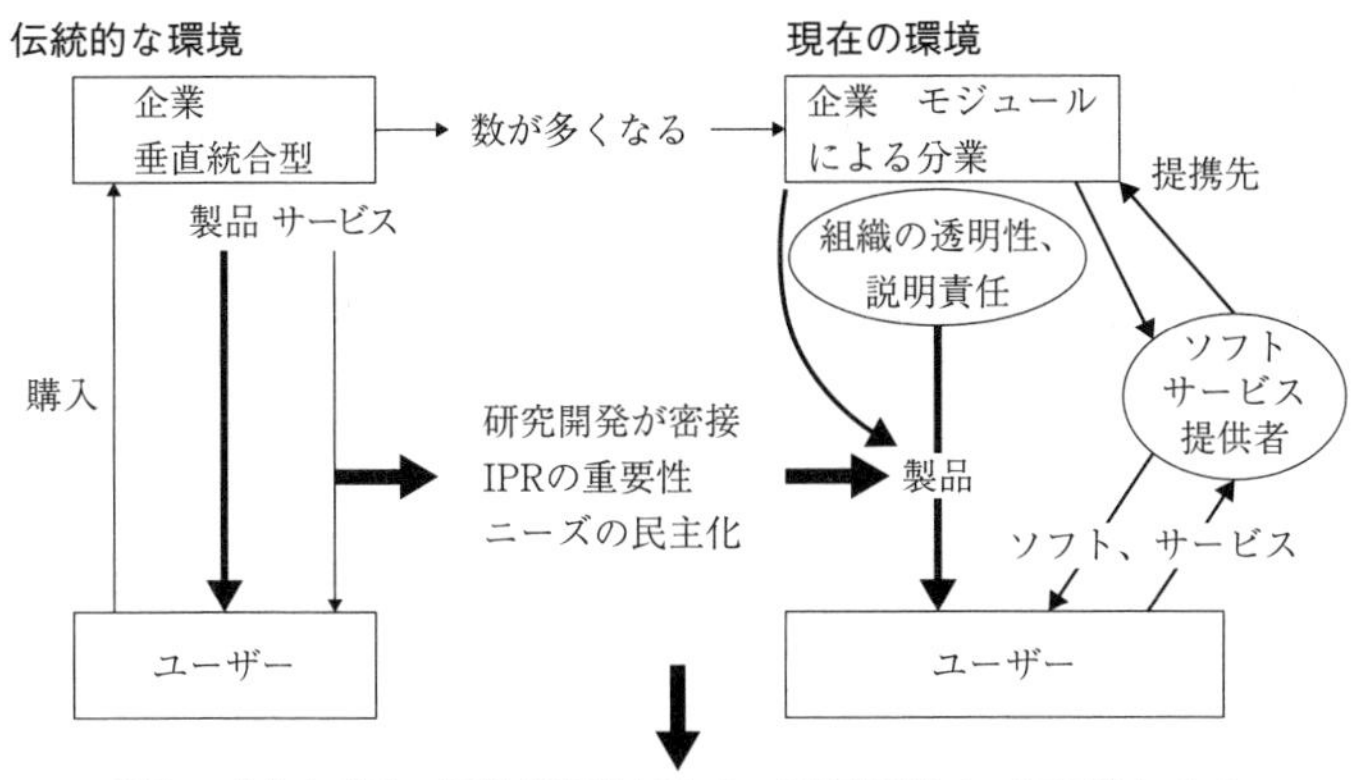

図1-1　国際市場での企業の環境変化

ラット化する世界[7]」で組織間での協働化を招いた。1980年代になり垂直統合型の形態が、より分業的で分散的な外部依存の形態へと変わったことによって、全体をコーディネートして管理する、従来なかった標準戦略が不可欠になった[8]。

環境変化と求められる標準戦略

1980年代に入り、より自由な市場経済の理念のもとに世界経済の運営が図られ、グローバリゼーションがさらに進展する中で、企業を取り巻く環境は次のように大きく変化した（図1-1）。

(1) 増大する企業の数

「モジュール化」や企業の経営管理手法の進歩により、企業は垂直統合型からより分散し、水平分業を行なうようになり、関連する企業は増加した。また情報通信分野では、たとえば、ＩＢＭはコンピューターの中核となるハードと、ソフトや付帯機器を一体化して売っていたが、１９６０年代に独占禁止法によりその制限を受け、別の商品として販売せざるを得ないようになった。そのため多くの企業が参入し、さらに情報電子機器の「モジュール化」により、互換部品やソフトを市場に出すことが可能になった。また情報通信分野では、それまでは通信事業者が国営や公的組織で、それぞれの国で独占体制であったものが、民営化による企業形態の変化により、参入障壁が低くなった。さらに、韓国、台湾、中国などの企業の技術レベルが高くなったことにより、参入が増え、多くの新規企業が現れ競争が激しくなった。

(2) 研究開発と標準化

先端技術分野の研究開発は、情報が不完全な状態で進めることが多く、競争相手が多くかつ時間に追われるため、リスクが大きい。また、有望な分野にはたくさんの企業が進出してくることが予測できるため、多くの企業が重複投資を行ない、研究開発を進めることが通常である。また商品化に成功したとしても、市場の競争に勝てる保証がなく、時には自らが目指す製品やサービスの仕様に、第三者からの特許侵害による法外なロイヤリティを要求されるかもしれない。このようなリスクに耐えるのが難しいときは、企業同士の合従連衡や、コンソシアムへの参加などにより、研究開発のリスクの分散を図る。同時に仲間を増やすことは、自分たちの標準を市場に広める段階で有利に働くため、企業の連合（アライアンス）は重要な企業戦略となる。実際コンソシアムやフォーラムの数が近年増えたのはこのような理由による。

(3) 情報技術の民主化

技術標準を利用するユーザーにとって、市場で敗れた標準を使っている商品（負け馬）を買った場合、相互接続や互換性がないため、大きな迷惑を被ることになる。またオーディオを含め多くの情報関連機器では、企業の違いによる互換性の問題など、大なり小なりユーザーは不便を被っている。そのため製品やシステムのインターフェイスのオープン化とそこでの相互接続を求める。また個々の情報関連のユーザーは、インターネットの普及などにより、従来に比し広く情報にアクセスできるようになった。またより使いやすいサービスを提供するスマートフォンのような機器が現れ、便利さを追求する競争が激しくなった。すなわちユーザーの要求を顕在化し、それを商品化するオープンな仕組みができあがっていった。このような技術の民主化は、ユーザーのニーズをより顕在化させ、それを狙い商品化する、サービスの提供業者の数を増やすことにつながる。

また、もっと本質的なことは、商品を開発する企業が提供する商品の優劣は、サービス提供業者のソフトやサービスの量や質によって、ユーザーの人気が支配されることである。ユーザーの相互接続や運用、さらに世代間の接続性のようなオープン化の要求によって、企業は個々がもつ標準に固守することができなくなり、企業間の連携を加速化する。かつてユーザーは、ブランドを目当てに商品やサービスを購入した。しかし、いまは機器類がより便利で、使いやすく、さらに価格の安さを求めるようになっている。企業は、オープン化に対応するためにマルチベンダーになり、競争相手の商品を販売することも始める。競争相手である企業をも含めた、企業の連携やコンソシアムが１９９０年以降急に増えるのは、先に述べたリスクの軽減の他、このようなユーザーの力が強くなってきたことが大きな理由の一つである。

（4）企業の透明性と説明責任

グローバル化した市場に、商品やサービスの販売を始めると、商品の品質や使ったときのリスク、さらに製造企業の環境への配慮や社会的責任など、客観的な基準に照らして誰にでもわかるような仕組みが、企業の組織自身に要求されはじめた。すなわち、企業は自らを、組織の品質に係わるＩＳＯ９０００や環境管理の標準に適合していることを、第三者の評価の助けを得て客観的に表現し、自らが透明性や説明責任がある、市場の参加者になる必要が生じた。公的な国際的機関で作成された、環境への配慮や人権の配慮に関する標準類は、ＮＧＯや一般市民にとり、いい説明材料になる。多くの企業の環境報告書や社会的責任を述べた報告書には、このような国際的な標準を用いたものが多く見られるようになった。

以上のように、図１‐１に示した、企業を取り巻く複雑化する環境は、他の企業との接点、すなわち共通の標準が必要なインターフェイスを増し、自らの企業の「モノづくり」のプラットフォームを、標準に支えられたモジュールにして管理することになった。さらに、国際標準に基づく、国際社会に責任をもつ自らを律する参加者であることを訴えるようになった。このように、従来にも増し国際市場でのビジネスに国際標準戦略は不可欠なものとなっていった。

さて、これまで現代の情報化社会の進展の中で標準を企業経営の観点から考えることが重要であることを述べてきたが、果たして国際的な市場で活躍するすべての産業に同じようなことが起っているであろうか?

対極としての医薬産業

本章では、これまで主に商品やサービスの相互運用が不可欠なネットワーク性をもつ、情報通信分野に関連する分野を見てきたが、この対極に属するものが医薬産業である。

医薬は、医薬的な効用があれば、化学構造が特定できる化学物質を特許として申請し、それを錠剤などにして投与するため、インターフェイスの問題は起らない。市場規模が大きい医薬でも、一つの化学構造に特定できるため、特許の数は、情報通信機器に比べて、一つの医薬品について少ない。一方、機械や情報通信機器は、商品化するときは、すでに多くの人々に使われている既存の機器類との互換性が問題になる。さらに商品化する場合も、通常多くの企業が、相互に関連する特許をもち、別の標準体系を用いて商品化をするため、医薬や化学品のように単独で化学構造の決まった物質を合成し市場に出す産業とは異なる。このように、医薬は市場での相互関連を気にしなくてすむことから、情報通信産業のような標準戦略は、近年まではなかった。

しかしライフ・サイエンス分野の進歩は、化学合成に依存した、従来の分子量の小さい医薬品とは大きく事情を変えた。人体に存在するタンパク質を、長いプロセスを経て分離して得られる抗体医薬、さらにiPS細胞を利用する再生医療や医薬品を創生する新分野が開けてきている。これらの分野は、医療への基礎的な研究から人体への適用まで、従来の伝統的な医薬に比して、多くの過程を経ることが要求される。そのため、標準化された細胞を用いて、それぞれの作業のインターフェイスがスムーズに進むことが要求され、共通の測定や評価がなされなければならない。また細胞の培養や分化の過程で、工学的な品質管理が必要とされ、さらに治療段階での安定化を図るための標準化が必要になる。このような複雑な過程を整合的に行なえるようになったのは、医療研究をサポートする、遺伝子関連の研究機器などが標準化され、また情報処理技術を用いることにより、組織間の管理をより効率的に行なえるようになったためである。このことは同時に、先に見た情報通信産業と同じように、医薬の製造を分業化し、組織のモジュール化と相互の協働をスムーズにするための標準が不可欠になってきている[(9)]。

本章では、情報通信産業をはじめ、おおむね多くの産業では、国際市場でのビジネスに、国際標準戦略が不可欠であることを述べてきた。

このような国際標準戦略に使われる国際標準は、主として企業や企業の集まりであるコンソシアムによりデファクト標準として作成されることとなった。しかしＩＳＯ／ＩＥＣに代表される公的標準作成機関も、環境変化に対応するため、標準づくりの性格を大きく変え、デファクト標準と相補完しながら共存するようになった。このような国際標準づくりの大きな変化は、章を改め、第4章で述べることとしたい(10)。

特許と標準の係わり

次に標準と特許の関係を見てみたい。もともと特許と標準は、それぞれの制度の中で予定調和的に、その役目を長い間果たしてきた。特許は発明を奨励し、技術発展を促すもので、発明者の努力に対して、新技術の使用に独占的な権利をある期間国が与えるものである。そのため、発明者の了解がなければ技術を使用することができず、基本的に技術の拡散を防ぐものである。一方標準は、すでにある技術をできるだけ多くの人々に使用してもらうため、関係者が集まり技術の普及を目指し作成するもので、期間の限定はない。

すなわち特許が、特定の企業の場の拡大を目指すことを目的にするのに対し、標準はより多くの関係者に使用してもらい、競争を促進し、結果として市場全体を拡大することを目的にするもので、この二つの制度の性格はまったく異なる。従来は別々の役目であったものが、いくつかの例外はあったにせよ、どのようにして深い係わり合いをもったのかを見てみよう。

１９８０年代から顕著になる、規制緩和や自由主義の理念に支えられた市場主義を基におくグローバリゼーションは、先に見た国際標準の役割を変えただけでなく、知財や独禁制度を変えていった。

プロパテント時代と標準戦略

米国では１９８０年頃、日本企業の台頭により世界市場での優位を失う恐れから、いかに競争力を強化するかが大きな政策課題になった。研究開発や商品化能力が優れているにもかかわらず、国際市場で遅れを取っている要因の一つは、知的財産権の保護が独占禁止法により不当に制限されているとの指摘がなされ、多くの場で知財問題は、米国の経済復興への政策提言の重要な項目の一つとされた。

(1) アンチ・パテント時代

米国ではルーズベルト大統領の時代以降、厳格な特許制度に関する独禁法の運用がなされ、ＩＢＭのハードとソフトの分離、ゼロックス、シンガーミシンなどの特許の独占排除を強制する判決は、多くの日本企業をはじめ、事業に参入しようとする企業に有利に働いた。

時代をさかのぼると、マルコーニによる特許を基に自らの標準仕様により市場を独占するような「マルコーニズム」や、スタンダード・オイルが精製装置の技術で行なったパテント・プールが条件つきで合法とされた時代とは大きく変わり、１９６０年代になると、米国司法省は知的所有権のライセンスに関して、禁止される項目を次々と発表し、規制が強化された。現在の特許に裏づけされた標準企業戦略の中身をなす、囲い込みによる「抱き合わせ販売」などが禁止事項となったほか、パテント・プールも禁止された。

(2) プロパテントへ

しかし米国産業の競争力強化を狙う、プロパテント時代の再来を期して、1988年に米国司法省は、違法とされた禁止項目を、合理的な理由があればよしとする「合理の原則」に切り替え、企業の特許や標準を用いた市場戦略を、より弾力的に運用できるようにした[11]。さらに1980年代は、各国の通信事業の民営化により、多くの企業が通信事業に参入しはじめ、私企業としてより特許の権益を主張するようになった。これらの結果として、予期せぬことが次々と起った。

変貌する企業環境の図1-1で見たように、欧米だけでなくアジアの多くの企業が研究開発や商品化を切磋琢磨する時代を迎え、特許の登録件数も飛躍的に増えていった。さらに、情報通信分野では、インターネット、半導体、通信、コンピューターのハードやソフトなどのほか、新たにディジタル技術も重層的に加わり、驚異的な数の特許が申請されるようになった。

特許制度がスタートしたときは、人が操作をする機械を対象とし特許が考えられていたため、特許の数はそれぞれの機器について見ると限られており、一つの電子部品に数百から数千の特許が関係することを前提としていなかった[12]。

このような特許の爆発は、同時に標準を作成するに当たり、標準とする技術的な内容にも多くが関係しはじめ、標準の文書自身に特許の技術内容が含まれる数が増大した。技術の普及を目指す標準の中に独占的な権利を付与した特許が含まれることは、次のような問題を生じはじめた。

① 特許権の行使は、所有者に独占的な権利を認めているため、特許となっている技術部分を使えない。そのため、権利の部分を標準に入れにくくなり、標準化が阻害されるようになった。

② 特許としての要求内容が標準に含まれる場合、その標準を使用する事業者は、標準の実施者が高額のライセンス料を要求される可能性をもつことになる。問題が深刻化するのは、特許の保持者が、特許が関係することを明らかにせず、その技術部分が標準になってしまい、多くの人がその事実を知らず、標準を使い、事業を行なっている場合の紛争である。

このような問題は、拳銃を突きつけられ、手をあげさせられることに譬えられ、ホールドアップの問題というが、現実にいくつかの問題になったケースがある。

このように、情報通信分野での特許の問題は、標準との関係を複雑にし、研究開発自身や商業化を行なう過程そのものに不確定なリスクをつくり、間接的に標準制度にも影響を及ぼすことになった。その顕著な例は次のような問題である。

パテント・トロール問題　自らは発明を実施する意図をもたず、たくさんの特許をかき集め、その特許権を行使して他者から高額なライセンス料、和解金を得ることを目的とする「特許の流し釣り」、いわゆる「パテント・トロール」が、企業活動にとって脅威となった。

特許の藪の問題　情報通信の技術領域では、先に述べたように、多くの企業から類似する特許が多数重複的に出願されるため、権利となった特許をすべて調査することは難しい。既存企業同士はクロス・ライセンス契約などで事業化の道を開けるが、新規参入企業が事実上排除され、イノベーションが阻害され、「特許の藪」の問題が生じることとなった(13)。

以上のような問題に対処するため、標準と特許の係わりについては、次の二つの方向から問題の解決が図られようとしている。

(ア) パテント・ポリシー

一つは標準に特許の内容が含まれるときの対処の方法、いわゆるパテント・ポリシーである。標準づくりに参加する当事者は、標準を作成する前の段階で、どのような特許が標準の文書に含まれるかを事前に宣言することである。さらに標準が作成された後、標準に含まれる特許を、利用者があった場合には、無差別に合理的な条件でライセンスを与えるライセンス契約条項（合理的無差別条項。RAND：reasonable and non-discriminatory terms and conditions）を基にライセンス契約を結ぶことである。パテント・ポリシーといわれるこの方式は、ＩＴＵの組織で始められ、２０００年の初めからＩＳＯ／

IECなどの国際標準機関で標準作成に用いられ、フォーラムやコンソシアムでも使われている。

しかしこのやり方は、標準が世界的に普及した後、標準づくりに参加していない企業の特許の要求を解決できないほか、何パーセントの特許料が合理的であるかは明らかでなく、問題を抜本的に解決できるわけではない。またすでに相互運用を可能とするための標準になっている特許を、関連する企業が一方的に使用した場合、特許の侵害として差止請求ができるかどうか、独占禁止政策の関係で必ずしもはっきりとしたルールができているわけではない。

(イ) パテント・プール

第二は、パテント・プールの仕組みを利用することである。特許を所有している企業と個々に交渉を行なうと、多くの特許保持者がいるため、累積された特許料は膨大なものになるほか、交渉に多くの時間と労力が必要となる。また特許の保持者も、同じ理由からその特許を有効に使えないことが起る。そのため、特定の技術に関する特許を個々の企業の垣根を超え、一つの組織で集中管理し、特許を保持する構成員が相互にロイヤリティを払うことにより、その特定の技術をパッケージとして利用できる仕組みを、当局の許可を得てつくることが行なわれている。

この方法は、スタンダード・オイルの精製技術のパテント・プールとほぼ同じ仕組みで、長い間司法省により禁止されてきた仕組みである。しかしプロパテント時代の、現代の複雑化する特許制度のもとで、前記の「特許の藪」の問題を解決する有力な手段はなく、独禁当局と協議し、ライセンス契約など

「公正な仕組み」ができる場合は、その事案を認めることになり、１９３０年代以降長い間姿を潜ませていたパテント・プールが増えている。

この手法は、特定の技術を利用するために必要な標準、すなわちインターフェイスの相互運用性を保証する必須特許の部分を標準として明確にし、第三者の利用者へのライセンス契約を可能とするもので、ライセンス料は当該構成員に、ルールに基づき配分されることとなる。たとえば、画像処理に不可欠なＭＰＥＧはこのようなパテント・プールの仕組みがうまくできあがり、画像圧縮の技術が、標準化されることによりスムーズに普及した、いい例である（第７章参照）。

しかしこのようなパテント・プールの仕組みは、関係者が多いと必ずしも合意ができず、仕組みができあがったとしても、次々と新しい技術が出現するため、個々の企業は、当初からの参加だけでなく、参加後も標準と自社の特許をどのように位置づけるかについて大きな判断が要求される。

企業戦略と標準戦争

アップルとサムスンの、スマートフォンを巡る、知財、標準と、それぞれの地域の独占禁止法を交えた争いは、地球規模のものとなった。また電子機器の世代が変わるたびに、前の世代との互換性を巡る標準の争いや、さらに既存の企業がすでに市場にある自らの標準を守るため、新しい世代への交代を多くの特許訴訟を用いて時間稼ぎを行なうなど、情報通信分野では標準にまつわる多くの企業間の争いが急増している。近年多く見られるネット企業による、技術開発力があり特許を多くもつ伝統的な企業の買収も、このような標準の世代間の戦争への対応かもしれない。このような現象は、産業の組織が大きく構造変化をするとともに、関係者の増加による標準の重要性とともに、知財を巡る公的な競争政策の変化がもたらしたものである。

1990年前後から、アカデミアでもこのような変化を標準の視点から分析する試みが多くなされ、また経営的な観点から多くのケース・スタディがなされている。ケースごとにその物語があるため一般化するのは難しいが、1999年にカール・シャピロとハル・R・バリアンにより、『ネットワーク経済の法則』として一冊の本にまとめられた。また日本でも、同時期に山田英夫、名和小太郎により多くのケースが分析されている[14]。それ以降、より詳細な個々のケースが、標準と知財の問題と組み合せて論じるようになり現在に至っている。

歴史が示すように、ウィットワースのネジ、交流送電、マルコーニの無線システムなど、市場で標準を制すれば有利な市場の地位を占めることは古今変わらない。その戦略は次のようなことである。

情報通信分野のようにネットワーク性がある産業分野では、企業としては、ユーザーの声をいち早く聞き、自らに有利になる標準を基にしたネットワーク経済（多くが利用するほどますます効用が増す）が働くように、ユーザーをその標準に取り組んで（lock-in）、他の企業の商品に移らないように固定客を確保する。またそうすることでその商品の製造や販売についての経験を、体系的に蓄積できるなどの多くのメリットがあるため、企業が商品やサービスを市場に出すときは標準を制することを望む。

しかし現代のグローバリゼーションの時代における企業環境は、すでに見てきたように、参加する企業の数が増え、競争の激しさだけでなく、いかに連携を図るか、また、自ら支配する「モノづくり」のプラットフォームをどのようにコーディネートするかなど、複雑さを増している。できるだけ早く商品開発を行ない、その標準を決めて市場に出し、「早く」競争企業が現れる前に、創業者利潤を得たいし、できれば市場の標準となり、できるだけ長く有利な地位を占めたいと思うであろう。しかし「早く」は、不確定な状況を前提に進めるわけで、同時に「リスク」も大きくなり、失敗すると、すでに負担した研究開発費やマーケティングの費用が無駄になる。このような「時間を買う」リスクの大きさは、同時にリスクを分散するために、共同開発の動機づけを相互に納得するような標準を必要とする。

さらに、氾濫する特許の藪の中で、どのような特許を標準と組み合わせ公開するか、またその場合にどのような企業と連携を図るかは、研究開発の悩みとともに商品化戦略の鍵となる。長い間独禁政策の封じ手となっていた、特許と標準を弾力的に組み合わせることによる商品化戦略は、新たな経営要素が加わったといえる。かくして国際市場での企業の標準戦略は重要で不可欠のものとなった。

先に述べたように、標準は技術の普及を促す制度的な仕組みであるが、それと対照的に、特許は技術の独占を許し、普及の観点からすれば標準と正反対のものである。商品やサービスの市場での経営戦略

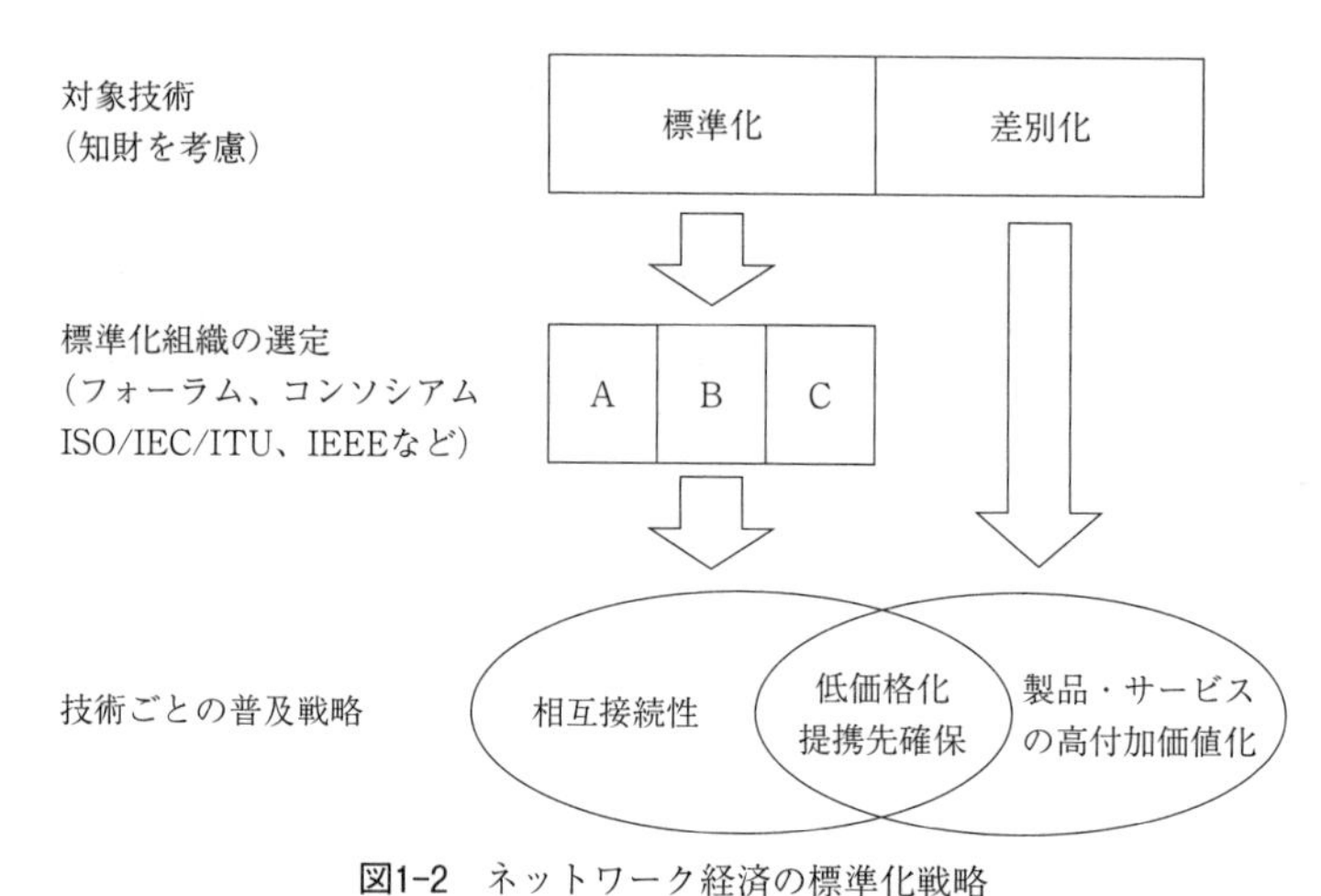

図1-2　ネットワーク経済の標準化戦略

出典：平松幸男「技術開発と標準」香川大学「国際標準化セミナー」（2011）を基に作成

を考えるとき、図1－2にあるように、自らのどの技術分野を標準化し、必要あればRAND条項に基づき技術を供与して、市場に広めるか。また、それとは逆にどの部分を差別化して標準にせず、自らの管理下に置くかは、大きな判断が分かれる。標準にした部分は、相互接続が可能となり、価格競争が激しくなる一方、差別化する部分は高付加価値が期待でき、全体としての利益の最適化を図ることとなる。極端なケースとしては、現在いくつかの技術分野で行なわれている、いわゆる「オープン戦略」、特許料をゼロとし誰でも利用できる標準戦略をとり、その技術の普及を促進し、差別化された分野で利益を上げるやり方も考えられる。

また標準化する部分は、自らの「モノづくり」のプラトフォームでモジュール化した部分を配慮するのはもちろんのこと、外に向かっては、提携先を含め、どの標準をつくるグループに属するかを考える必要がある。公共的な国際標準機関での対応や、フォーラムやコンソシアムで、どのように他企業との連携を図りながら標準化を行なうかが重要である。

このような国際標準と企業戦略との大きな係わりは、公的な標準づくりの仕組みを大きく変え、より早く標準をつくったり、デファクト標準との棲み分けを行ない、かつ相補完するように、国際標準制度自身の性格を大きく変容させていった。

注

（1）ヴィクトリア朝時代の電信制度を現代のインターネットと比較したもの。T. Standage, *Victorian Internet: The Remarkable Story of The Telegraph and the Nineteenth Century's On-line Pioneers, Bloomsbury Pub. Plc.*, 2014. 服部桂訳『ヴィクトリア朝時代のインターネット』ＮＴＴ出版、２０１１年。

（2）W. R. MacLaurin, *Invention and Innovation in the Radio Industry*, Macmillan Co, 1949. 山崎俊雄ほか訳『電子工業史　無線の発明と技術革新』白揚社、１９６２年。

（3）P. A. David, "Heroes, Herds and Hysteresis in Technological History: Thomas Edison and 'The Battle of the Systems' Reconsidered," *Journal of Industrial and Corporate Change*, Vol. 1(1), 1992, 129-180.

（4）D. Yargin, *The Prize: The Epic Quest for Oil, Money and Power*, Simon & Schuster Ltd., 2009. 日高義樹ほか訳『石油の世紀――支配者たちの興亡』日本放送出版協会、１９９１年。石油に係わる多くの重要な標準は、米国の標準機関ＡＳＴＭで、すでに戦前からつくられ、ＡＳＴＭの標準が世界標準となり、欧州の国々をはじめ、ＩＳＯ、さらに日本でもＡＳＴＭ標準を採用した。ガソリンのオクタン価や軽油のセタン価、蒸留性状、煙点、硫黄分含有量など石油製品に係わる試験方法、さらに揮発油、灯油、軽油の製品などほとんどの重要な標準は、第二次世界大戦以前から、ＡＳＴＭは巨大石油産業がつくる共同の研究所と連携して、それらの標準を作成していた。G. T. Totten, "A Timeline and Highlights from the History ASTM Committee D02 and Petroleum Industry," *ASTM Standardization News*, June, 2004, 18-27に標準づくりの歴史が載せられている。

（5）A. D. Chandler, *The Visible Hand: The Managerial Revolution in American Business*, Belknap Press, 1977. 鳥羽欽一郎ほか訳『アメリカにおける近代産業の成立』東洋経済新報社、１９７９年。

（6）L. V. Gerstner, *Who Says Elephant can't Dance?: Leading a Great Enterprise Through Dramatic Change*, Harper Collins e-books, 2009.　山岡洋一訳『巨像も踊る』日本経済新聞社、２００２年。

（7）T. Friedman, *The World is Flat : A Brief History of the Twenty-first Century*, 2007. 伏見威蕃訳『フラット化する世界　増補改訂版』日本経済新聞社、２００８年。

（8）R. Laglois, *The Dynamics of Industrial Capitalism: Shumpeter, Chandler, and the new Economy*, Routlrdge, 2007.　谷口和弘訳『消えゆく手――株式会社と資本主義のダイナミクス』慶應義塾大学出版会、２０１１年。T. J. Sturgen, "Modular Production Network: A New American Model of Industrial Organization," *Industrial and Corporate Change*, Vol. 11, No. 3, 2002, 451-496.

（9）新しい医療分野の標準の問題は、情報通信分野のような多くの文献がないが、次を参照。田中正躬ほか編著『幹細胞技術の標準化――再生医療への期待』日本規格協会、２０１２年。隈蔵康一「バイオ分野の標準と特許発明――アクセス性の向上にむけて」『知財管理』59巻、3号、２００９年、323頁。

（10）ＩＳＯ／ＩＥＣのような公的な標準機関が、情報技術分野の大きな変化の中で、どのように変わっていったかを分析している（第4章参照）。田中正躬「デファクト標準とＩＳＯ／ＩＥＣ」『標準化ジャーナル』29巻、１９９９年、518頁。

（11）米国の特許制度の変更が、技術変化にどのような影響を及ぼしたかの分析がなされている論文は多くある。たとえば、A. B. Jaffe, "US Patent System in Transition: Policy Innovation and Innovation Process," *Research Policy*, Vol. 29, 2000, 531-557.

（12）特許の数や関係者の数が大きく変わった理由は次を参照。M. A. Lemley, "Ten Things to Do about Patent Hold Up of Standards (and One not to Do)," *Boston College Law Review*, Vol. 48, 2007, 149–168.

(13) 標準と特許の関係については、近年多くの研究がある。たとえば次を参照。知的財産研究所「標準規格必須特許の権利行使に関する調査研究報告書」一般財団法人知的財産研究所、２０１２年。また最近の標準と特許の係わりの動向をまとめている書籍は次を参照。藤野仁三『知的財産と標準化戦略』八翔社、２０１５年。

(14) 企業戦略を情報技術分野で体系的に分析した書籍として次がある。C. Shapiro and H. Varian, *Information Rules*, Harvard Business School, 1999. 千本倖生ほか訳『「ネットワーク経済」の法則――アトム型産業からビット型産業へ――変革期を生き抜く72の指針』ＩＤＣコミュニケーションズ、１９９９年。また多くのケースについて、企業戦略と標準の係わりを分析した書籍として次がある。山田英夫『デファクトスタンダード――市場を制覇する規格戦略』日本経済新聞、１９９５年。名和小太郎『技術標準――対知的所有権』中公新書、１９９０年。学術的な観点からの、標準の分析、第４章のＢＯＸ４にある標準の経済学について分析を行なっているものとして次がある。M. L. Katz and C. Shapiro, "Network Externalitlies, Competition, and Compatibility," *The American Economic Review*, June, 1985, 424–440. J. Farrell and G. Saloner, "Coordination Through Committees and Markes," *RAND Journal of Economics*, Vol. 19, No. 2, Summer 1988, 235–252.

BOX1

モジュール化――サイモンの時計屋

『ディジタル用語辞典』（アスキー、2013年）ではモジュールを次のように説明している。

ハードウェアやソフトウェアを構成する個々の部品のこと。ハードウェアのモジュールの場合、基板1枚1枚などそれ単体が高い機能をもった、入れ替え可能な部品を指す。ソフトウェアの場合、プログラム全体を構成する機能ごとのひとまとまりのことを指す。このモジュールの集まりがアプリケーションなどになる。

すなわちモジュールとは、全体の機能の一部を担い、互換性があり、相互の運用が可能な標準化された部品である。

ノーベル賞を受賞したハーバード・サイモンは、時計づくりをする二人の職人の比喩を用いて、複雑なシステムを分割して組み立ての仕事を行なった職人の方が、全体の相互関連を考えながら全体を組み立てる職人より、効率よく時計を組み立てられるとした[1]。サイモンは、複雑なシステムに取り組むとき、モジュールに分割することの意義について基礎的な考え方を述べたわけである。複雑なシステムは、それぞれが役割と機能を分担して、相互に整合的に連携をしながらシステムの運用を行なうことになる。一部分に不具合が生じたとき、構成する要素があまりにも多いと、管理が難しくなり、その影響が全体に波及してしまう。

このような複雑性を克服するためには、システムをモジュールまたは部分に分割し、部分の関連性をなくすことが必要である。サイモンの時計職人が行なったように、それぞれのモジュールに独立性を与えることによって克服可能となる。さらに重要なことは、複雑なシステム全体を交換可能な構成要素に分割し、それぞれの複合する部分（インターフェイス）のルールを公開することで、第三者の企業でも、それぞれモジュールを独立して設計、製造し、全体のシステムに埋め込むことができることである。すなわちモジュールとは、それぞれ構造としてはシステムの個々の単位であり、独立しているが、それらを統合して全体システムをつくりあげるための考え方であり、設計や製造段階で、すり合わせの手間をできるだけ減らし、部品の広義の意味での標準化を進め、相互の依存性を減らすことといえる。

ハーバード大学のキム・クラークとカーリス・ボールドウィンは、著書『デザイン・ルール』の中で、ＩＢＭ３６０のユニット化されたモジュール構造を分析し、モジュール化による現代の時代の新しいイノベーションの姿を明らかにした。[2] モジュール化されてインターフェイスが明らかになれば、新規参入する企業も部品を供給できるようになり、競争により次々と新しい技術の成果がモジュールに入れ込まれ、部品として提供されるようになり、ＩＢＭもこれを利用した。結果としてコンピューターに係わるイノベーションと新しく出現した多くの企業の技術能力を飛躍的に高めた。ＩＢＭ３６０というパッケージ化された全体のシステムは、次々とモジュール化され、オープンになったインターフェイスにより分割され、成功した企業がクラスターをつくった。そしてさらなる技術発展とデザイン・ルールの進化により、モジュールが再構成され、大きな技術の進歩が達成される姿をモジュール化のパワーとして描いた。あたかも玩具の「レゴ」を組み合わせ、自らの望む構築物をつくる世界が「モノづくり」の世界にも現れたのである。

モジュール化の影響はコンピューター産業だけにとどまらなかった。1990年代になり、ディジタル技術の進展とともに、情報処理技術の進展による組織の管理が飛躍的に向上し、企業の組織自体が、モジュール化により、分割、管理されることになった。企業は、経営、販売、製造など企業活動自身をモジュールとして分割し、組織のインターフェイスを、企業活動の観点から標準化することにより、水平分業による新しい「モノづくり」のプラットフォームをつくっていくこととなる。

注

(1) H. A. Simon, "The Architecture of Complexity," *Proceeding of American Philosophical Society*, Vol. 106, No. 6, 1962, 476-482.

(2) C. Y Baldwin and K. Clark, *Design Rule: The Power of Modularity*, MIT Press, 2000. 安東春彦訳『デザイン・ルール』東洋経済新報社、2004年。

第2章　地球時代の安全規制

数年前のことになるが、ＩＳＯの委員会の議長で、かつて環境問題の検査官であった英国人と話をしているとき、次のような興味深いことを聞いた。

英国の地方に日本企業が新規に進出すると、環境規制のことを気にかけ、SO_xなどのパイプエンドの排出基準がいくつかを地域の政府に聞きにいく。ところが英国の多くの企業は、産業の技術的な特性や、企業の技術能力が異なるので、まず企業としてできうる最大の環境対策をつくり、それを地域の住民に公開し、彼らとの対話を通じて、環境対策の改善を行なう。日本の企業はまず政府との関係を気にするが、英国ではまず地域住民との関係が先である。

ＩＳＯの環境管理をするための標準（ＩＳＯ１４０００）は、このような英国の環境管理の考え方を標準にしたもので、企業の努力、公開、対話をつうじ環境対策の改善を図ることを狙いとしている。国との関係で環境問題を処理するのでなく、技術内容をもっともよく知っている企業と、環境問題でもっとも影響を受ける地域の住民で問題を処理すべきである。残念ながら過去の環境問題は、国が強制的に基準を定めたため、企業も本当はもう少しよい対策をとれたにもかかわらず、公的な機関の定めた技術基準を守ることで対策を行なってきた。

現代社会は、多くの新しい技術により生活が豊かになった一方、技術に潜む思わぬ暴走や技術を使う人間の思い違いなどにより、予期せぬ事故が発生する。

産業革命以降、技術進歩により発生する思わぬ危険に対処するため、新しい技術を導入するときは、まず地域社会、すなわち市民社会で多くの工夫がなされてきた。事故や危険が当事者を超え広く影響がある場合や、潜在的に危険が予測される技術については、公共的な観点から国による規制が行なわれてきた。しかし科学技術が高度になり、また人々の安全や環境への要求水準が高まり、多くの規制が集積されてくると、別の副作用が起りはじめた。

この章では、標準の視点から、国の規制と民間の努力の係わりを取り上げる。そのハイライトは、二十数年の歳月をかけ、ＥＵの域内で、標準に基づく安全確保のための制度を築き上げた、ＣＥマーク制度である。

標準と規制との係わり

国による規制は、法令ごとに個別の細かい技術基準を決め、民間の事業者は、国の指導のもと、これらの基準を遵守する。現在の多くの国では、多くの関連する法令があり、その関係は複雑で、改正を行なう場合は、調整に時間がかかり、基準が古くなっても見直さない場合が多い。また法令の実施に関しては、個別の法令に対応した実施規則をつくるため、国や実施に関連する公共部門との相談や調整が不可欠で、多くの時間がかかる。何よりも問題なのは、新しい技術の進歩には、特別な許可が必要なため、新技術の取り入れが遅れる。

このように、安全確保のための法規制のコストと便益との間でますます広がる乖離は、どの国でも大きな問題となっており、それぞれの法規制の体系の中で、多くの改善の方策が検討されてきた。しかし、法の実施のための保守性のため、根本的な問題の解決は難しく、近年、大きな課題となり現在に至っている。

標準と規制の係わりを考えるに当たり、二つの重要な点がある。

第一は、標準と規制に使われる技術基準の関係である。

標準は異なる人々に繰り返し使用され、経済社会に構造を与え、互換性を確保し、人々の相互運用の指針をつくるが、同時に個々の人々の選択を定義し、制限を加えるものである。そのため、必要とされる技術の内容を文書にし、その内容どおりに商品をつくったり操作をしたりすれば、誰が行なっても同じ結果が得られる「文書で書かれたもの」が標準である。国の規制に使われる詳細な技術基準は、通常公開された作成過程のもと、多くの関係者の意見を取り入れ作成される。その法の特定の目的を達成するため、技術基準に基づき、いずれの法規制の対象者も同じ結果や効果が得られるよう、強制的に遵守義務が課される。このように、技術基準は、強制力をもった標準と考えられる。

標準の作成は多くの場合、国とは独立した中立的な機関により、専門知識をもつ人々の強力な支持のもと、利害関係者の意見を入れ、作成過程を公開し、必要な段階ごとに外部から意見を取り入れて作成される。中立的な機関としては、ＩＳＯ／ＩＥＣなどの国際的な標準機関のほか、国家標準機関、また学会から派生した標準作成機関などがあり、それぞれ多数の標準の集積がある。これらの標準は、強制されるものではなく、利用者が任意に選択するものであるが、つねに技術の進歩を取り入れ、古くなったものを廃止することにより、最新の技術の前線に位置するよう、定期的に改定がなされている。多くの標準機関の間で、相互の標準の引用を明記することにより、標準機関間の整合性を図る努力をしており、利用者の不便をなくするようになっている。国の規制の問題点を解決するために必要な選択の多様性と、新技術の導入、相互の整合性が、標準制度の前提となっている。

第二は、規制の実効を上げるには、法が目的どおり実施されていることを示し、信頼を付与することである。

法目的の実効を上げるために、定められた技術基準を手続に沿い、法を遵守せしめるため、多くの人材と費用を割いている。

国の規制は、直接、国自ら実施するものから、外部の特定の組織に委任して実施するもの、また事業者に裁量をもたせ、登録や届出の義務を課し、公的機関のチェックを行なうものなどがあり、安全確保のための法の実施は、それぞれの法により異なる。測定して得たデータが信頼できるか、検査は誰が行なうのか、あるいは事業者の組織は、安全基準を遵守するための管理の体制が適切か、必要な事項を文書化しているかなどなど、法の実施のためには多くの手順書や手引きが必要であり、法の運用の歴史が長ければ長いほど、詳細な部分が増える。また多くの場合、法ごとに用語や手続、検査の方法などが異なるため、法令の実施は複雑になり、整合性の観点から、安全確保のための法規制は問題が多い。

このような、技術基準に合っているかどうか、すなわち適合しているかどうかを判断することを、標準の世界では、「適合性評価」という。

標準を用いて所定の効果を上げるためには、標準として要求されている文書化された内容が、そのとおり実施されていることを実証する必要がある。

現在では、適合性評価を支える個々の要素――先に述べたデータや検査の信頼性、組織の管理の適格性などをまとめた標準のメニューが、一つの大きな体系としてあり、標準の利用者に信頼性を付与するツール（道具）となっている。すなわち標準の世界では、世界中の誰もが、これらの道具を使いその文書化された内容に従って実施すれば、同じ適合性の評価が行なえるわけである。

先の法規制の実施も、適合性評価をそれぞれの法規制の中で自己完結的に行なっているため、その法の実施に必要な手順書や手引き、あるいはそれらの他の法体系との整合性は複雑になっている。

表2-1　安全確保のための国による伝統的な法規制と国際標準を基にする仕組みの比較

国が法に基づき運用する規制	国際標準を用いた民間が中心となる安全制度
・国による個別の細かい技術基準：民間の事業者は国の指導のもと基準を遵守	・政府や公的部門は基本的な部分だけの基準を定め、民間の事業者はこの基準に沿うように、多くの標準の中から最適なものを選択する
・多くの関連する法規があり複雑で、改正を行なう場合、調整に時間がかかる（古くなっても見直さない場合が多い）	・標準機関は、広い技術分野（たとえば機械の安全）を対象とし、機能に階層をつくり、統一した考え方で個別の技術基準に当たる標準をつくる（標準間の調整や定期的な見直しが制度化されている）
・個別の技術基準に対応した実施規則をつくる公的部門との相談や調整が不可欠	・個々の技術基準に当たる標準の実施や適応は、体系的な適合性評価の個々のやり方を選べる
・新しい技術の進歩には、特別な許可が必要で時間がかかる	・統一した考えの方のもと、事業者がリスクアセスメントを行なう。新技術の導入も可能
・決まった技術基準どおり特定の地域で実施	・世界中どの地域でも、国際標準のメニューから選択して実施可能

標準制度の利用の革新性

以上の2点を前提に、表2－1を見ていただきたい。国による規制を、標準制度を利用することで、次のように改善できる。

①　事業者は、国による個別の細かい技術基準を国の指導のもとで遵守しているが、標準制度を利用することにより、国は基本的な部分だけの基準を定め、事業者は、この基本的な基準に沿うように、すでにストックがある多くの標準の中から最適なものを選択できるようになる。この方法は、規制を特定の技術仕様として定めるのではなく、規制した結果が同じになる多くの選択肢から選べるように、規制のやり方を変える、後に述べる性能基準を用いた規制の方法で、現在、世界中で

多く取り入れられている。

② 通常法規制は、多くの関連する法規があり複雑で、改正を行なう場合、関係する組織との調整に時間がかかり、技術基準の内容が古くなっても見直さない場合が多い。標準機関は、広い技術分野を対象とし、その機能に階層をつくり、統一した考え方で、個別の技術基準に当たる標準をつくる。またどの標準機関も通常、標準間の調整や定期的な見直しが制度化されているので、古くなることがないような仕組みができている。

③ 法の実施は、個別の技術基準に対応した規則があり、事業者が決められた技術基準を実施するときは、指定された代行機関や国との相談、調整が不可欠である。一方、先に適合性評価として述べたが、個々の技術基準に当たる標準の実施や適応は、体系的な適合性評価の道具箱から個々のやり方を選ぶ。

④ 通常の規制に関連する法規の場合、新しい技術には、その技術に即したリスク評価を行なわなければいけないため、特別な許可が必要で、手続きに時間がかかり、技術進歩に対応するのが難しい。近年、標準の分野で、技術のリスクを評価する標準がつくられるようになり、それらを用いると、事業者は、統一した考え方に基づくリスク評価ができ、新技術の導入が可能となる。

⑤ 環境の保全や安全確保のための規制は、特定の国の特定の地域、さらに特定の分野というように、細かく複雑に行なわれていたが、標準制度は、国際的な標準機関の連携もよくできており、国際的な標準に基づき、それぞれのケースに合うメニューを選べるようになっている。

ただこのような標準制度は、1960年頃から、国際標準機関の成長とともに、時間をかけて1990年の後半頃までにできあがったもので、後に述べる、EUの市場を統一するための、標準制度を用いた規制体系をつくる過程と軌を一にしている。

まず、EUの規制とは離れて、一般的に規制の技術基準に標準を利用する、表2-1の一番上の点、つまり前記の①について見てみよう。

規制基準の標準への置換

先に述べたように、誰もが利用できる標準の集積の中から、規制に関係する標準を技術基準として引用すれば強制力をもつこととなる。事実、測定方法や計量関連の標準を、強制法規の特定の技術基準として引用することは、世界的に広く行なわれており、標準は法規制を補完するものと考えられてきた。法に特定される技術基準を新たに作成するよりは、既存の標準の集積から引用する方が、迅速で、コストも安くすむからである。このように、標準を各国の法規制の前提とする考え方は、近年WTOやOECDなどの通商政策に係わる機関から大きな期待が寄せられ、制度も徐々に整備されている。

以上のような国際的な動きを反映し、欧米先進国をはじめとして、日本でも国の法規制に利用できる標準があれば、できるだけ引用することを政策的に行なっている。

日本の国家標準であるJISは、多くの法律に引用され、200を超える法規で2000以上の標準が引用されており、さらに法に基づき、引用をできるだけ行なうことが望ましい旨明記されている。日本だけでなく、米国では1996年の技術移転法により、公的標準を法規制に引用することが定められているほか、欧州では国と標準機関の間で契約を結んでいる（たとえばドイツは1975年、フランスは1984年）。

しかし標準の法令への引用は、迅速性やコスト削減のような、たんなる技術基準の補完を超え、規制体系の複雑さを和らげる観点から、さらに次のような重要な意味をもつ。

第一に、安全性を確保するため、多くの規制法は、必要な強度をもつ材料を技術基準として定める必要があるが、異なる多くの法令が必要な強度をもつ材料を特定した、特定の標準を引用すれば、一つの標準に基づいた技術内容で統一できる。それぞれの法令が、異なった考え方に基づいて材料を定めることと比較すれば、共通の標準を引用することの利便性がよく理解できるだろう。たとえば規制法規間に共通に引用されている安全確保の基準として、一般構造用圧延鋼材があげられる。安全を確保するため、労働安全、建築の構造安全、電気の発電機器の安全など、多くの技術基準に引用されている。所管省庁が異なった場合、省庁各自が鋼材の材料基準を決めてしまうと、民間企業は、それぞれの法に合った異なる対応を迫られるが、共通化により大きな便益が図られる。

第二に、法規制は、異なる国の関係者からすると、規制をする国のそれぞれの文化や社会制度が技術内容に反映されるため、記述や用語、あるいは法令の枠組みが他の国の人々にとっては理解し難い。しかし標準は国際的にオープンであり、記述の方式も共通化されているため、標準を規制に引用することによって、透明性を増し、法規制の理解が容易になる。また１９９５年以降、第6章に述べるようにＷＴＯ／ＴＢＴ協定により、原則として国際標準をそれぞれの国の標準の基礎として用いることが義務化されているため、世界の標準の体系が国際標準を基に整合性をもつ仕組みづくりができている。

標準を使ったＥＵの安全制度への試み

１９５７年のローマ条約により、6カ国による欧州共同体[1]が１９６７年に設立された。統一市場をつくりあげることは、当初からの大きな目標であり、各国で行なわれている規制の基準類や標準を統一することが不可欠で、強い政治的な意思のもとに統一化の作業が始まる。ここでは、ＣＥマーク制度の嚆矢となった、労働安全分野の機械安全を例にとって見ることにする。

表2‐1に戻り考えてみると、国の細かい規制により機械分野の安全を確保するためには、ＥＵは三つの課題を解決する必要があった。

第一に、各国バラバラに採用していた技術基準を、ＥＵ諸国内で整合的な標準のプールに変えること。

第二に、新しい技術進歩を取り入れるため、リスクを評価できる標準を作成すること。

第三に、民間企業で標準を用いた安全確保を行なうため、標準の技術内容を実施したことの確証と信頼を与えられる適合性評価のルールをつくること。

ＥＵがこの作業を始めた１９６０年代は、国際的な標準組織も、多くの点で未整備なことが多かった。

ＥＵはＩＳＯ／ＩＥＣと協力して、どのようにこの課題を解決したのであろうか？

(1) 第一の課題　整合化の作業

① オールド・アプローチ

各国の標準あるいは検査の認証制度の整合化を図り、統一された共通市場をつくるため、欧州の標準機関（ＣＥＮ／ＣＥＮＥＬＥＣ）を設け、整合化のための作業を１９６９年より開始した。(2) オールド・アプローチと呼ばれるこの作業は膨大な数の標準や規定類の対応関係を調べ、詳細部分を統一しようとするものである。電気器具のプラグを欧州の中で統一するといったことも一つの目標(3)であったが、作業は困難を極めた。１９７３年には、英国などが加入して、拡大ＥＣとなり、さらに作業は複雑になった。多くはプラグのように意見がまとまらなかったが、成果が出た分野もあった。ＥＵの設立以前から、関係者が欧州の中で共通の基準をつくるべく努力をしていた分野で、低い電圧で使われる電気器具の、感電からの防護、接地、絶縁などについての安全に係わる標準は１９７３年に統一ができた分野であった。

ＥＵは、作業に必要な費用の補助を行ない、欧州の標準機関で作業を進めてきたが、１９７５年時点では、一つひとつの技術基準を、細部にわたり記述する方式がとられたため、わずか20の整合標準しかできなかった。

② カシス事件と相互承認

１９７９年、フランスのディジョン産のカシス酒のアルコール濃度がドイツと比べ低かったため、ドイツで輸入制限をした事件が起り、ＥＵの条約に基づく商品の移動制限の正当化の議論が起った。統一市場の形成のためには相互の承認が必要であるとの欧州の司法裁判所の判決が下され、これが一つの原則となった。[4] 各国の異なる標準を相互に受け入れることを認める相互承認の考え方は、各国が納得する目標を作成し、それを達成するため、それぞれの国での選択肢を認め合うという意味で大きな意義をもつ。

しかしオールド・アプローチによる、従来の細かい技術基準の整合化方式では効率的にことが運ばず、１９８５年にＥＵにより発表されるニュー・アプローチ指令を待つこととなる。この方式が導入されてからは、整合化の作業は飛躍的に進み、１９９９年末には、５５００ものの整合標準ができあがった。機械の安全の分野も、これらの作業の一環として整合標準がつくられるが、１９８５年の方式へ至る背景を見てみよう。

ＥＵでは設立以来、１９６８年に関税同盟、また１９７９年にはその後不成功に終わったが通貨同盟が発足し、経済統合を着々と進めていった。しかし商品やサービスの域内の自由な流通の方は遅々として進まなかった。このような事実をふまえ、域内の資本の自由化とともに、商品やサービス、人の自由移動を促進し、統合化を１９９２年末までに図ろうと、１９８５年に域内市場統合のための提案が出され、１９８７年に単一欧州議定書（SEA: Single European Act）が成立した。[5] この議定書は国ごとの異なる各種の法令、基準・標準などを一本化するため、大改革を目指したものである。それと同時に、従来の市場統合関連の法令や整合化のための作業は、全会一致の合意が必要であったが、新しい仕組みのもとでは、標準の整合作業の分野も含め、多数決の決定方式がとられたため、事務処理がより効率的になった。

③　ニュー・アプローチ

１９８５年に出されたニュー・アプローチ指令によると、１９９２年までに、事業者が製造・輸入し、ＥＵ市場に流通する商品は、安全を確保するための必須要求事項、すなわちＥＵが定める一般的な要求事項を満たすことが義務づけられるようになった。そのために欧州の標準機関が作成する整合標準（harmonized standards）を満たすか、第三者の証明がある標準を用いることを、義務づけている。また整合標準への適合の義務は事業者にあり、適合していることを示すＣＥマークを附すとされた[6]。

整合標準は、性能標準（ＢＯＸ２参照）を基に作業された。すなわち、異なる国でそれぞれの国の事情に基づき用いられている詳細な標準を、必要に応じ、個々の標準を階層化し、同じグループのものを上位概念で整理することを行なう。すなわち、性能概念のもとで作業を進めるわけである。ＥＵの国々が異なった標準を使っていても、整合化された標準として整理でき、カシス事件以降原則となった相互承認のもとで受け入れられる。異なった国で製造する事業者は、この整合化された標準の群の中から、事業者の必要とする、標準を選べばよいことになる。

④　進展する整合化の作業

このように、1985年のニュー・アプローチ指令は、標準の体系の中で機械安全の体系を目指すことになった。10年以上の年月を経て、BOX2で述べるヘルメットの例[7]のように、性能標準のつくり方の蓄積がなされ、性能標準のもとで整理された。それぞれの国で多く利用されていた詳細な標準は、選択肢として位置づけられ、カシス事件によって相互承認という政治的な圧力がかけられ、整合化作業は現実的になった。

機械の安全の分野は、多数決原理や必要な場合に性能標準を用いる作業方針の変更を前提とした。1985年に欧州の標準機関が整合化標準の作業を開始し、先に述べたように1999年末には5500の整合標準ができあがった。

作業は、EUの標準機関が中心となり、そのメンバーである各国の標準機関が、自国を中心に使われている機械安全に係わる技術基準や標準をもち寄り、階層性を考慮した標準の整理をし、整合化作業を行ない、1991年には基本的なEUの標準（機械類の安全性：基本概念、設計のための一般原則：EN292）も完成した。[8]

欧州の標準機関では、整合標準ができれば、それを欧州規格（EN）として発効し、同時にEU官報に記載され公のものとなる。規約として、それぞれの国家標準機関が、国家標準として採用することが決まっており、欧州標準機関で行なわれた作業が、欧州各国へとスムーズに普及することとなった。

（2）第二の課題　リスクの管理

一方、リスクの管理に関する標準づくりの方も、欧州の標準機関の作業グループの中で進んだ。標準は、それを用いる人が、記述された文書に従えば、同じ結果が得られることが鍵となるが、リスクに関しても、標準の目的を達成できるよう文書化できるかどうかが検討されてきた。

新しい技術を利用しようとしたとき、法令による場合は特別な許可が必要で、時間がかかった。技術的な内容を文書化している個々の標準には、まだ出現していない新しい技術に係わる文書は、通常用意されていない。しかし機械の技術全体を、既存のものまで含めリスクがあると考え、すでに標準があるものはその標準を用いてリスクを評価し、対応を考え、さらに経験の少ない新しい技術による機械も、同じようにそのリスクの管理を行なえば、新旧の技術によるリスクの管理の差はなくなるだろう。すなわち、リスクを管理する仕組みを、標準の体系に取り込めれば、既存の経験のある機械類やすでに体系化されている標準を用いて、新しい技術を取り込めることになる。

安全の問題は、長い間、危害の潜在的な源（hazard）をなくすることと考えられてきた。しかしリスクは危害の発生確率と危害の大きさによって変わる。人々が交通信号を見て横断歩道を渡るようなときにもリスクはあるが、運転者は規則を守って車両の運転をし、歩行者は青信号のとき舗道を歩いて渡るため、事故の発生確率が小さいと考える。信号無視による危害の大きさを考えるとリスクはあるが、通常はほとんどの人が信号を守ると考えるため、リスクは小さいと考える。すなわ我々の住む世界は、人々が努力しても、リスクはつねにあり、危険をすべてなくすることはできず、リスクの管理に最善を尽くすことが、安全対策である、というように考え方を変えるようになった。

1980年代以降の市場経済に基づく経済社会では、人々の安全や安心の関心が高まり、一方事業者は、自己責任に基づくリスクの管理を必要とすることから、多くの事例や知見の蓄積がなされた。すなわち、「安全とは、受け入れられないリスクがないことである」という考え方が世界的な合意になりはじめた。安全を確保するためには、危険度を同定し、それが起る可能性を見積もり、リスクの評価を行なう必要がある。リスクをできるだけ小さくするために、次のような三段階のリスクの低減方法を盛込んだ標準がつくられた。①設計段階でできるだけリスクを少なくする。②どうしても設計段階で解決しないリスクについては、防護壁を設けるとか、人の手足が機械類に届かないといったような、作業環境を物理的につくるなどの安全防護策をたてる。③さらにリスクを減らすために、警告表示など使用上の情報を提供する。この考え方は、注8に述べた基本標準EN292の中核をなす。

(3) 第三の課題　信頼を得るための適合性評価の仕組みづくり

欧州では、技術水準の比較的近い国の代表者が集まっていたため、民間で自主的な規制を行なう仕組みが可能であった。検査機関の試験成績の相互の受け入れや、事業者が自らの標準の内容に適合していることを宣言するため、それに関連した評価のやり方が文書化されてきた。たとえば、各国の電気関連の企業が集まり、電気器具や部品の安全を、法令とは別に、電気安全の自主規制を行なう仕組みをつくり、自らが技術基準に適合を宣言するためのやり方を文書化していた。

一方、企業の組織としての信頼性も英国を中心に広く議論された。企業が、要求される技術仕様どおりに商品をつくっているかどうか、あるいはその商品は時間がたっても要求される機能を発揮できるかなどの、商品の信頼性、顧客の満足度、使用される商品の使われる環境との適合性などは、組織の品質(quality)といわれる。たんにその商品自身の狭い品質だけでなく、その商品を製造する事業者の管理の仕組みや、何か問題があった場合の対外的な説明責任、組織の透明性など広く事業者の組織全体の管理システムが問題となる。

このような、データや検査の信頼性、組織の管理の適格性などの適合性評価のルールは、時期を同じくし、EUの標準を基にした規制体系をつくる過程で生まれたが、主としてその作業はISO／IECの場で行なわれた。後に第5章でその体系を述べるが、ISO／IECで、適合性評価のメニューが一つの大きな体系としてできあがり、標準の利用者に信頼性を付与するツール(道具)となっている。すなわち標準の世界では、これら道具箱は、世界中の誰もが、その文書化された内容に従って実施すれば、同じ適合性の評価が行なえるわけである。

開かれた制度を目指して

EUは設立当時、域内での市場の統一化は、域外諸国への最恵国待遇の観点から、差別を行なうのではないかとの懸念が表明されたこともあり、つねに国際組織との協調を図り、EUでの標準や適合性評価のツールは、ISO／IECと整合性をもつようにつくられた。

(1) 標準づくり

機械安全の基本的な考え方の標準EN292の作成の目途が立つと同時に、1991年には、欧州の各国家標準機関の提案により、ISOでも作業を開始すべく技術委員会を設立した。CENの整合標準づくりや基本的な原則の標準づくりの作業は、ISOの活動と密接な関係をもち、とくに詳細な仕様を決める作業は通常の標準づくりとして扱われた。

ISOではCENの案を基に、1992年、機械類の安全の基本概念、設計のための一般原則のための暫定的な標準をこの委員会で採択し、ISOの標準として発効した。[9] 一方、整合標準や個々の詳細な仕様を決めた標準も、逐次必要に応じISOの国際標準とされていった。

電気関連の国際標準を扱うIECでは、整合化作業を、電気分野を扱う欧州の標準機関CENELECで行なうのに対応した活動を行なってきた。計測関連や自動化に係わる信頼性や電気機器の安全は機械の安全確保に欠かせないが、この分野に関する基本概念や一般原則の標準を、ISOとは異なり、IECの内部の技術委員会で英国や米国が中心となり扱ってきた。CENで作成されている機械安全の考え方とISO／IECとの間で整合的な考え方をつくる必要性に迫られ、ISOとIECは機械安全に係わる電気関連も含めた安全の基本的な考え方を示した「ガイド51」を作成した。[10]

このようにしてできあがった機械安全の国際標準の体系は図2－1のとおりである。「ガイド51」は

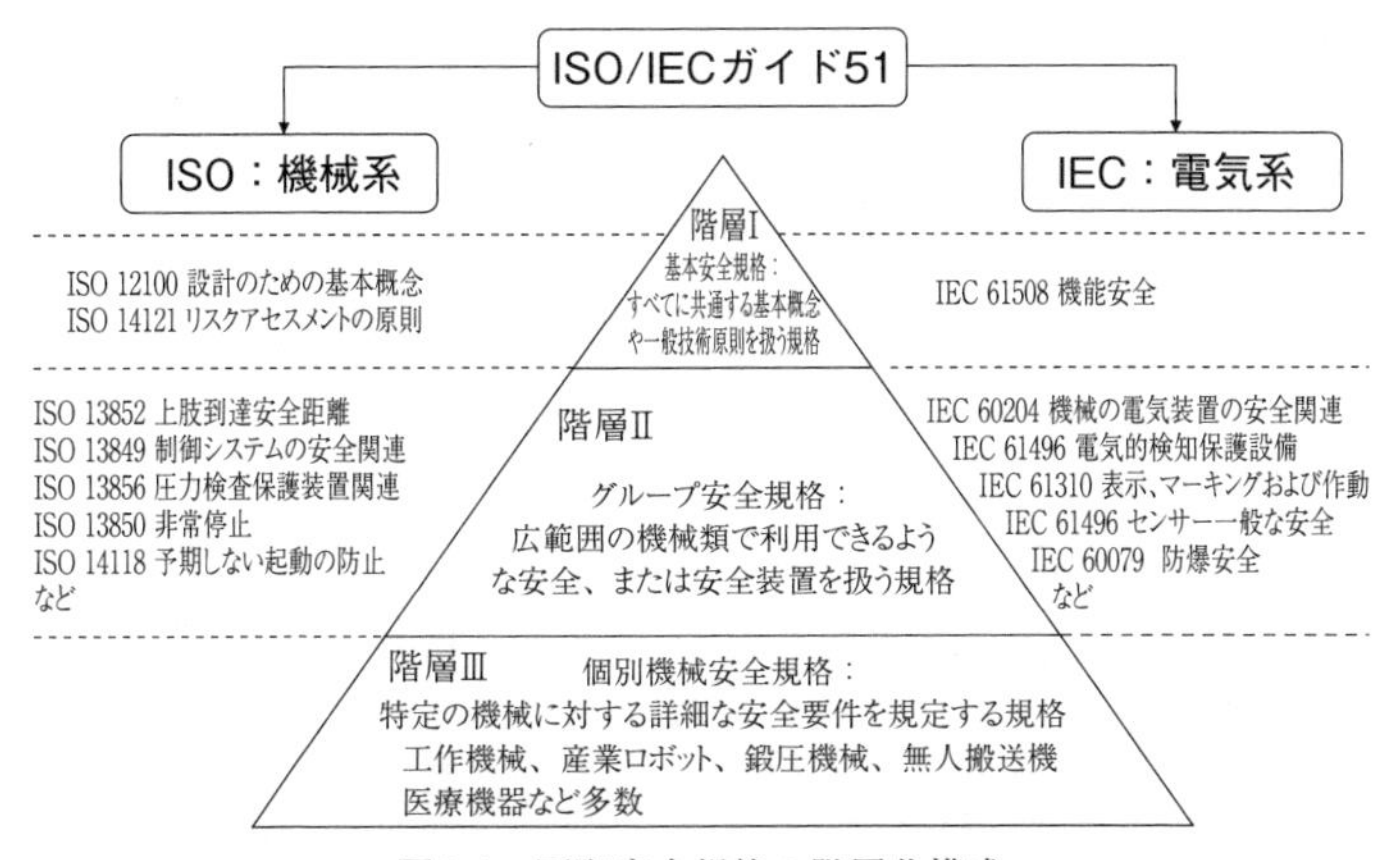

図2-1　国際安全規格の階層化構成

出典：向殿政男『標準化と品質管理』Vol.57、No.11、2004、p.32を基に作成

安全を「受容できないリスクがないこと」と定義し、関連する標準の引用を行なった上で、安全に係わる用語の定義や概念を明確にし、許容可能なリスクを達成するために必要なことを明記している。標準が階層性をもち、一番上に位置する「ガイド51」を頂点とする全体系が同じ考え方のもとに整合性をもっており、事業者がこれらの任意の国際標準を自らの事情に合うように利用できる。また新しい技術を取り入れた機械類を市場に出す場合も、「ガイド51」の基本的な標準の考え方に沿って設計を行ない、標準に従うことで、リスクの管理を行なうことが可能となった。

(2) 適合性評価のルール

先に述べたように、適合性評価はＩＳＯの場で体系的に検討がなされた。ＩＳＯでは、標準づくりの作業とあわせ、適合性評価にも力を入れ、１９７０年に委員会が発足した。ＥＵで自主的に行なわれていた、電気関連の成果を取り入れ、適合性評価全体を整備していった。１９８０年にはそれまでの活動をＩＳＯ／ＩＥＣの適合性評価の原則としてまとめたが、ＧＡＴＴのスタンダード協定が発効し、本協定の中に適合性評価が言葉として明文化されることにより、その重要性がさらに認識され、ＩＳＯの委員会の名前も「適合性評価委員会」（ＣＡＳＣＯ）と変更された。

同じころ、組織の品質管理ＩＳＯ９０００が、英国の標準を基に、ＩＳＯの場で検討されることとなった。適合性評価がさらに注目されるようになり、必要な評価に必要な文書類が蓄積され、１９９３年、すなわちＥＵで機械安全のＣＥマーク制度がスタートするころには、適合性評価の文書類が整った。

ＣＥマーク制度の試み

（1） 制度のスタート

ＣＥマーク制度の全体の体系を示したものが図２－２である。

事業者は、機械安全の標準のプールの中から自らに関係するものを選び、製造する機械の安全が、基本的な安全の要求事項を満たしており、さらにリスクを段階的に評価し、安全の確保ができていることを自らの責任で立証する。また指令により定められた、より危険性の高い機械類は、その内容に応じて安全の立証に公認機関が関与することもあるが、最終的には自己適合宣言により事業者自らの責任において行なわれる。すなわち事業者は、ＥＵ指令の必須要求（essential requirment）事項を満たしている

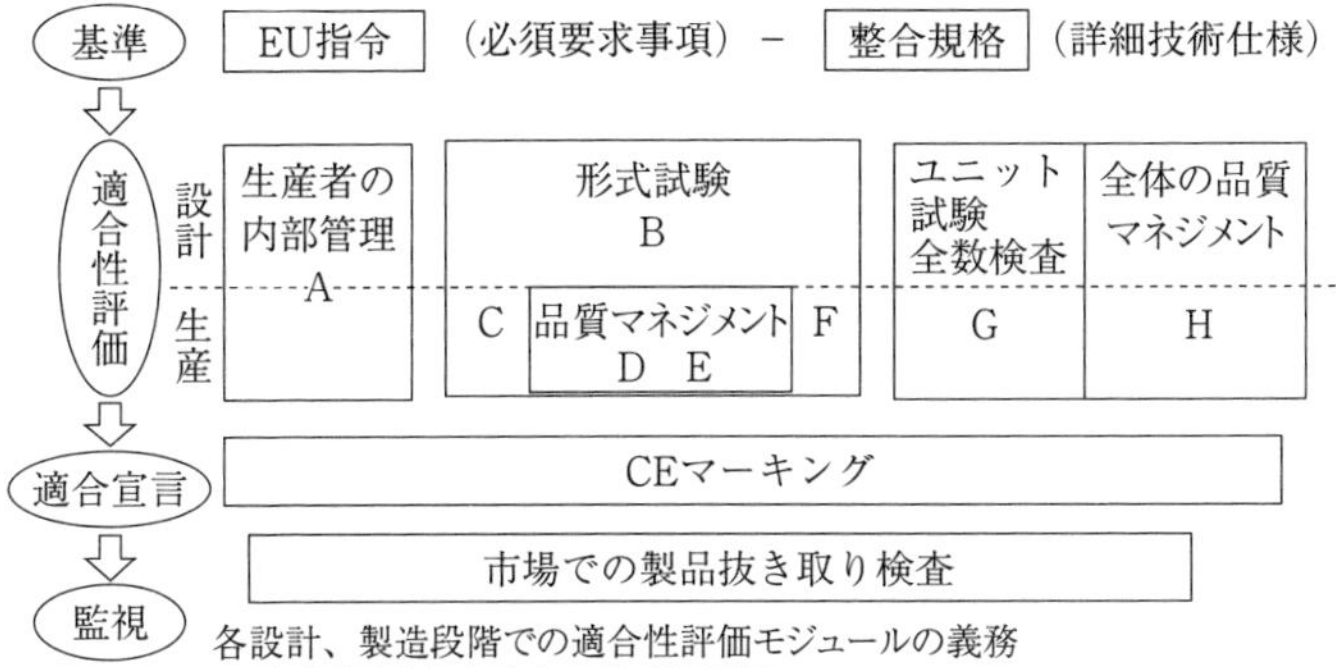

図2-2　ISO/IECの機械安全関係の標準を用いたEUの規制の体系（CEマーク制度）

出典：梅崎重雄ほか「産業安全研究所安全資料」1996年、p. 10と日本貿易振興会「自己宣言のためのCEマーキング」2014年、p. 9を基に作成

ことを立証した文書を作成し、適合性評価のツールの一つである自己適合宣言を行ない、その証としてのCEマークを自ら機械に付け、市場に出すことになる[11]（BOX5参照）。

適合性評価を、機械類の安全性の観点から機械の種類ごとに設計や試験内容と生産段階にグループをつくり、AからHまでのモジュールをつくっている。図2-2の左のモジュールAから右のモジュールHにいくに従い、機械のチェックすべき点がより多くなり、義務が増えることとなる。左にある生産者の内部管理の義務があるモジュールAは、工作機械や梱包機械など広範なものが対象であるが、事業者が指令による必須要求事項を満たしていることを証明する文書を作成し、自己適合宣言、すなわちCEマークを付け、その機械を市場に出すこととなる。一方、モジュールHは、医療機器など特殊機器を対象としているため、一番要求の多い標準の品質保証を必要とする。

このように、機械の属するモジュールごとに、公的機関の適合性の関与が異なるが、あくまでも事業者の自己責任で安全の確保を行なう。また公認機関は民間の事業者であり、複数の競争相手がいるため、従来のように国が規制を行なうような特別に設けられた独占的機関とは異なる。この仕組みは、従来国が直接、安全の評価を行なっていたものを、安全のカテゴリーごとに、民間の組織に評価を移したことになる。

(2) 市場の監視

CEマーク制度のような事業者の自己責任による安全の確保は、商品が市場に出た後の、市場での製品抜き取り検査による国の監視が不可欠である。監視は各国ごとに、監視を行なう当局を設置して、監視を行なう必要があり、市場に出回っている製品がニュー・アプローチ指令に基づく国内法令に合っているかどうかを監視し、必要あれば適合させるための措置をとることとなる。EU諸国では、行政協力のために、相互の監視の状況などの情報交換や、市場の監視とそれらの成果を制度自身にフィードバックすることで制度を改善するための努力がなされている。

EUの試みとその後

事業者の自己責任による安全の確保はすべての技術分野に適用できるわけではなく、原子力や医薬の安全などは従来のやり方で行なわれる。CEマーク制度では、機械指令だけでなく、2016年末の時点ですでに25の技術分野で指令が出されている。20年に及ぶ期間に、関係する標準や適合性評価のルールは、ISO／IECで逐次改定されたものがEU諸国で適用され、また市場監視をはじめとするEU自身の制度を運用するための指令類も発行された。CEマーク制度も、逐次問題を解決しながら、安定的に運用されている。すなわち表2－1で述べた右の部分の「国際標準を用いた民間が中心となる安全制度」が実現したわけである。

EUの域内で、安全性を確認した商品が自由に流通するためには、EU諸国が納得できる必須要求事項を前提に、民間の事業者が国際的に了解を得ている、標準と適合性評価の道具を用いて、製品に安全確認を行なうといった信用を付与する以外の方法はなかったともいえる。この方法は、WTOで要求されている貿易障害にならないように国際標準を用いるという要件も満たしており、制度としての安定性がある。さらに重要なことは、グローバリゼーションの時代に、EUの地域を超え安全規制による国際取引をスムーズに行なう方法を、EU域内で実行したことである。さらにEUは、このような標準を利用する蓄積を基に、欧州の高速鉄道の共通安全ルールをつくりあげ、標準を基に従来国が細かく規制した部分の代替を行なっている。

ＩＳＯ／ＩＥＣで定着した、性能標準を用い、各国の規制を整理するやり方は、圧力容器の安全を確保する標準の分野にも適応され、大きな成果が得られている。圧力容器の技術委員会は、ＩＳＯの設立時から存在し、活動が長い間停滞していたが、１９９７年に米国と日本が共同で標準づくりを提案し、２００７年に国際標準ができあがった。各国において自国の圧力容器標準がこの国際標準の性能要求を満足することを、手続きに従い登録すればいいことになっている。実現はしていないが、ＥＵ諸国のように相互承認協定ができれば、世界の市場で自由な取引ができることとなる。

一方、機械安全の標準や適合性評価の体系を完成させた１９９０年頃までは貢献が少なかった日本でも、２００１年には、ＩＳＯの国際標準を採用するための「機械の包括的な安全基準に関する指針」を出し、さらに２０１４年には、国際標準の中核の部分のリスクの評価を事業者に義務づける法改正を行なった。

このように、安全規制に標準を用いて行なう流れは、しだいに大きくなりつつあり、グローバリゼーションの時代に相応しい重要な流れができつつある。同時に、ＥＵのＣＥマークの制度確立の過程で用意された、新しい標準のつくり方や、適合性評価の道具類は、国際標準の作成機関の、世界への影響力を大きなものにしていった。

注

（1）ＥＵ（European Union, 欧州連合）は、１９５７年ローマ条約によるＥＥＣ（欧州経済共同体）に始まり、メンバーや共同市場の考え方が変わりながら、１９６３年にＥＣ（欧州共同体）、さらに１９９３年にＥＵになった。ここでは、昔の呼び名を含め、ＥＵと呼ぶことにする。

（2）１９６１年にＣＥＮ、１９６３年にＣＥＮＥＬＥＣが設けられ、ローマ条約１００Ａに基づき、市場の統一化を図るためオールド・アプローチ（old approach）と呼ばれる作業が始まった。

（3）プラグは当初から整合化の象徴的な項目としてＣＥＮＥＬＥＣで取り上げられ、１９８６年にはユーロプラグの案ができたが、全体の標準にならなかった。１９９７年整合化の作業を当面中止することとなった（European Voice 24/4-29/4/1997）。

（4）カシス酒の判決はＥＣ条約第36条に基づく、商品の移動制限の禁止が公益保護の観点から正当化できるかどうかを巡り両国で争いとなり、欧州司法裁判所が輸入制限をする正当な理由はないと判決を下した（Case 120/78 Cassis de Dijon 1979 ECR649）。その後この判決は、ＥＣの中で円滑なモノの自由な移動を正当化する原則となった。

（5）目標年度を決め、共同市場づくりの障害になっている法や制度２６０項目の改正案を作成した。このうち標準などに基づく技術的な障害の除去に関するものが１４９項目あり、標準の整合化に係わるニュー・アプローチ関連は11の改定案が出された。大西建夫ほか『ＥＵ統合の系譜』早稲田大学出版部、１９９４年、130－131頁。

（6）ＥＵニュー・アプローチ指令（理事会　技術的調和と基準に関する指令、EU Council 85/C 136/01）、統一欧州法（Single European Act）の１００Ａ条項により市場の統一化が１９９３年までに行なわれることになった。ニュー・アプローチ指令により、機械類の供給者の義務が明確になる。ＣＥマークは、適合性を証明するマークであるが、ＥＵの市場を流通させるためのもので、それぞれの国での文化や歴史、さらに気候などを考慮した特定の商品の安全を保証するものではない。必要があれば上乗せした規制がかけられる。

（7）ヘルメットの性能標準「ＩＳＯ３８７３」（１９７７年）に定められた工業用安全ヘルメットの標準には、

衝撃の吸収（shock absorption）、食い込み抵抗（resistance of penetration）、耐炎抵抗（flame resistance）が、遵守すべき要求事項としてあり、性能とともに、それぞれ共通化に役立つ試験方法が定められている（試験方法の統一化は、製品仕様の統一に比べやさしい）。

（8）ＩＳＯ／ＩＥＣやＣＥＮ／ＣＥＮＥＬＥＣでの標準には番号が付されていて、ＣＥＮの技術委員会ＴＣ１１４でできあがった、機械類の安全性の標準の番号は２９２であり、ＥＮ２９２と表す。他の組織も同じで、ＩＳＯ９０００はＩＳＯの９０００番の標準である。

（9）ＩＳＯ／ＴＲ１２１００は、ＥＮ２９２と同じ内容のものであるが、ＥＣ以外の国の意見を入れたものでないため暫定的な標準（TR: Technical Report）とした。その後ＩＳＯサイドでの変更があり、ＩＳＯとＥＮを整合させるため、１９９５年にはＣＥＮ／ＴＣ１１４に作業グループを設けＥＮ４１４とし、ＩＳＯでは２００３年にＩＳＯ１２１００として発行され、同時にＣＥＮでも同じものをＥＮ標準とした。

（10）向殿政男・宮崎浩一『安全設計の基本概念――ISO/IEC Guide 51 and ISO 12100』日本規格協会、２００７年、21－86頁。

（11）ＥＵ理事会指令（EU Council（1989）90/0 10/01）による適合性評価モジュールの決議内容は次を参照。梅崎重雄ほか「産業安全研究所安全資料」NIS-SD-NO.14、１９９６年、１－14頁の５－９頁。日本貿易振興会（JETRO）「自己宣言のためのＣＥマーキング――適合政策実務ガイドブック」９－17頁、２０１４年。

BOX2

仕様標準と性能標準——厳密か、それとも弾力的か

標準のつくり方には、次の二つの考え方がある。

仕様標準：寸法や材質などを、具体的な数値や図形で明記した技術内容をもつ標準。紙のサイズ（Ａ４）や乾電池の単三など製品を具体的に特定しているもの。

性能標準：工業製品などが満たすべき技術的な特性値などを明記した標準。試験や計算により、達成すべき性能を満たしていることが確認されれば、どのような製品も使用可能となることから、選択の自由度を高める。

伝統的な標準の考え方は、互換性や単純化のため、工業製品などについて仕様標準をつくることが多かった。しかし、特定の仕様を決めると、技術進歩を取り入れにくいことや、それぞれの国で異なった技術仕様を調整するため、しだいに性能標準は増え、現在は多くの分野で、性能標準の考え方で標準がつくられている。

ＩＳＯを例にとると、国際標準機関としての活動が活発になるにつれて、各国のもつ仕様標準の調整が難しくなり、性能標準がつくられはじめた。ＩＳＯの標準づくりが活発になった１９７０年頃、欧州や米国などの先進国で、当時15万件の標準があり、それをいかに調和させるかが、大きな課題であった。すなわち、各国の細かい標準の整合化にせまられ、性能標準という概念を具体化することにより、問題を解決しようとした。類似の標準をまとめて、上位概念でグループ化した性能標準をつくる試みである。ヘルメット標準がその初期の試みである。

ヘルメットの標準づくり

各国、それぞれ異なる技術仕様の工業用ヘルメットを標準として定めていたが、共通の性能を決め、その性能を満たすものをISOの標準にしようとした。工業用ヘルメットは1954年に94番目の委員会として設けられていたが、1972年頃から停滞していた技術委員会を活発化させ、1977年に工業安全ヘルメットの性能標準を含む標準ができあがった（第2章注（7）参照）。

頭を守るための重要なヘルメットの性能の一つは衝撃の吸収である。頭を守る衝撃の強さは、具体的な数値で記述できる。このような耐衝撃性能を得るためには、ヘルメットの材料や構造、さらに衝撃吸収材を組み合わせることにより可能である。歴史的な安全の考え方や身体的な異なりにより、ある国は構造を、ある国は材料を重視して、異なる具体的な技術仕様を標準としていた。すなわち、安全を確保するための性能は、多くの国で合意できても、実際に使われる具体的な技術仕様の標準は、構造や材料の組み合わせで多くの選択肢ができ、A国はX、B国はY、C国はZ、のそれぞれ異なる技術仕様の標準を決めていた。性能標準は、各国で詳細な技術仕様を決めた標準を整合させるのでなく、性能に着目して、試験方法を共通にし、炎への抵抗性や貫通を防ぐ性能をもつ必要があることを明記する。それぞれの性能を決めていけば、何種類かの性能標準ができるが、さらにこれらの性能をすべてもつ、安全なヘルメットの標準の原則、すなわち安全なヘルメットを製造し、使用するための基本的な標準ができあがることとなる。

性能標準の意義と問題

すなわち性能標準は

① 特定の細かい技術内容は避け、大きな達成すべき性能を決め、異なる技術的な解決法、す

なわち選択肢を設けるものである。

② 上位の概念で階層をつくり、全体の標準づくりの考え方を統一できる。

しかしすでにできあがっている標準群に関しては、性能標準で整理され、選択肢が明らかになっても、異なる国の間で、相互に選択肢を認め合わないと、国境を越えた自由な取引は難しい。ＩＳＯの性能標準と整合的な日本のＪＩＳ標準に従ったヘルメットであっても、そのままでは米国へもＥＵにも、現在でも輸出できない。すでに長きにわたり使用されてきた標準は、変更することは難しく、国の間で相互承認を行なう以外、自由な取引はできない。ＥＵでは、国間で自由な取引が可能な共通市場をつくるという政治的な目標があった。国間の相互承認を前提として、「性能」という概念を基に、各国それぞれ異なる選択肢をもつ標準を相互に認め合い、受け入れることにより、標準を用いた域内で共通の安全制度を確立した。

第3章　市民社会におけるマークの氾濫

米国では、いろいろな「イルカ保護」マーク（ドルフィン・セーフ・マーク）を付けたマグロの缶詰が、スーパーマーケットの棚に置かれている。マグロを捕獲するときに、注意しないと、その近くで泳いでいるイルカを死なせてしまう。イルカに害を与えない捕獲方法を巡り、種々の組織が、それぞれ缶詰に異なったマークを付けているため、何が異なるのか、私のような外国人にはわかりにくい。多くの異なる「イルカ保護」マークがあるが、その一つである米国商務省の「イルカ保護」マークを巡り、メキシコと米国は、どちらが国際標準であるか、20年近く外交的な争いを続けている。

目的の異なるマークやロゴなどが市民生活を営む生活空間にあふれ、通常人々は、多くのものについて、その目的が区別できず、さらによく調べると、類似のマークや、内容が明確でない適合マークがあったりする。[1] イルカ保護のマークもその一つである。

このようなマークの氾濫を迷惑と思うかもしれないが、海外に行ったとき絵表示がない場合や、海外から輸入された製品にいっさい適合マークが付いていなかった場合のことを考えると、氾濫の迷惑に比し、さらに生活は不便になる。

本章では、このような氾濫するマークの森に踏み込み、そのいくつかの景色を眺めてみることにするが、まずマークの森の全般を高台から眺めた後、グローバリゼーションの時代に特徴的になったマークの氾濫、適合マークに焦点を当てることにする。

なぜマークがここ数十年の間に増えるようになったのか？　また、どのような問題が生じているのか、それを解決する方法はあるのか？　私たちの日常生活にも、国際標準が多く入り込んでおり、影響を与えていることを論じる。

マークの森

私たちは、日常的な習慣や、身の回りのマークの情報によりスムーズな行動ができる。自分の親しい人の身振りで何を言っているかを理解できるし、朝のラッシュ時に予定する電車に乗ろうとして、駅のホームにいったところ、あまり人がいないと電車が出てしまったことがわかる。マークも同じで、トイレ使用時や、高速道路を車で運転しているとき、表示の意味を意識しなくても、マークを見ればすぐに理解できる。また馴染みの深い商品やサービスを供給する、その身元を示すロゴマークのようなものもある。[2] しかしよく注意してみると、見慣れないマークが空間にあふれ、さらに注意深く商品を見てみると、理解できないロゴやマークが多く見つかる。

多くのマークはＩＳＯ／ＩＥＣや日本のＪＩＳになっている。商品やサービスの取引に係わる基本的なルールを決めている世界貿易機関（ＷＴＯ）では、これらのマークを標準の一部として定義している。絵表示（ピクトグラムやロゴのようなもの）や適合マーク（ＪＩＳマークやＣＥマークなど）は、標準の仲間の一つであると考えられる。表３－１には、製品に付けられるマークが整理されている。

この表にあるように、個々のマークは、それぞれ目的が異なるが、特定の組織が作成したマークで、見た人に情報を提供するため、図形、文字、記号でできている。このうちラベルは、製品の特性を、文字を用いて簡単な情報を伝えるもので、洗剤をはじめとする家庭用品や電気製品などに付けられている。それ以外は図形が中心で、簡単な文が併記されている場合がある。

新しい技術による製品、たとえばデジタルカメラが登場すれば、写真機工業会が作成して管理している、デジカメ用のマーク、すなわち消去、露出補整、撮影モード、プロテクトマークなどが製品とともに考案される。しかし既存の電子機器で使われているピクトグラムと区別がつかなくなるものもある。新たな製品を使いやすくするために親切につくりすぎ、あまりにもマークが多くなってしまうと混乱が起る。

一方、製品だけでなく、人や人がもつバッグなどにぶら下がっているマークを電車の中で見かける。ハートプラスマーク（心臓疾患など内部機能に疾患がある人に理解を促す民間の団体が作成したもの。人の

表3-1　マーク、表示の種類と主な機能と特徴

マークの種類	主な機能と特徴	例示
1）適合マーク 第三者適合マーク （認証マーク）	特定の基準に適合していることの証明を伝える 法律で強制（例：電気安全マーク）	
	任意のもの（JIS マーク、米国商務省ドルフィン・セーフ・マーク）	
供給者適合宣言（SDoC）マーク	EU の CE マーク	
2）供給者のロゴマーク トレードマーク （ブランドマーク）	製品を提供する企業の身元を示す 広告によって購入者に大きな心理的効果をもたらす	
3）ピクトグラム 注意・警告を示す図記号、絵文字 安全な取り扱いに関する警告など	わかりやすいイメージによってメッセージを伝える 注意、危険、火気禁止などの警告	
分類を示す	リサイクルに関するプラスチックの指示（回収のための分類）など	
4）ラベル 製品に関する主張 製品使用上の注意などの情報	製品の特性について簡潔な情報を伝える たとえば、供給者の主張（洗濯しても大丈夫など）の表示、特定の側面についての情報（電気安全など）	

形に心臓のしるしがある）やヘルプマーク（東京都が作成した、義足や妊娠している女性、内部障害などのある人に配慮を促すもの。赤字のストラップに白の＋とハート）は、人々に温かい配慮を促し、電車やバスの優先席の利用を暗黙に訴える。譲りあい感謝マーク（兵庫県が主導）や、国が主導して普及している妊婦への配慮を促すマタニティ・マークも同じ趣旨のものである。また自動車には、国が提供する高齢運転者マークや聴覚障害者が運転する車に付けるマークなどがある。このようなマークは、障害がある人や妊婦、高齢者が、マークの維持管理をしている組織に行き、発行してもらえば取得できる、適合マークである。またトイレでは、国際標準ＩＳＯの身体障害者用の施設を示すピクトグラムも見かけられる。

このように、公共的な空間で必要な人に、配慮することを促すマークが多く見られる。多くの人は、これらのマークを見れば、マークによって提供される情報の意味が理解できる。趣旨はすばらしいのだが、問題は多くの類似のマークをＮＧＯ、地方公共団体、国、公的標準機関がそれぞれ独自の善意で作成しているため、マークが氾濫していることである。

拡大する適合マークへのニーズ

現代の経済社会を運営するうえでの基本的な考え方の一つは、市場主義に基づく競争を前提とするものである。１９８０年頃から、このような理念とグローバリゼーションにより世界経済は大きく変わった。またこの時期は次々と、便利な電子機器をはじめ多くの先端技術が導入された時期でもある。変化のスピードが速く、個人は自分の慣れた生活空間に、新しく慣れていない製品やサービスが次々と導入され、戸惑いを感じるようになった。かくして新しい電子機器のマークや生活空間でのピクトグラムのニーズが生まれた。

カール・ポランニーは、自立化を求める自由な市場主義が極度に進行すると、金融不安、貿易構造の激変などの変動に人々は耐えられなくなり、社会からの市場主義への抵抗が増し、逆方向へと補整する運動が起る、という主旨のことを述べている[3]。彼のいうように、持続的発展、温暖化や環境問題、移民や貧困に係わる人権問題など、従来とは異なる地球規模の問題が現れ、公的な機関では十分に問題が対処できなくなってきている。そのため国や国際機関に代わり、これらの組織を補整するため、自主活動を行なう企業の工業会や協会、さらに多くのNGOが現れ、このような問題に取り組みはじめた。かくして次の節で述べるように、これらの組織は、自ら現代社会の諸問題に取り組むため、環境保護や人権への配慮など、国や国際機関の規制に代わる、「ソフトな規制」、すなわち多くの社会的なスキームをつくりはじめ、自らの試みを、適合マークを利用することにより進めた。市場の役割をより拡大することは、相対的に公的機関の役割を少なくし、民間主体の活動範囲を拡大することを意味し、NGOなどの活躍もこのような民間の活躍として位置づけられる。

一方、多くの企業は、競争に生き残るため、製品差別化を求め、多くの種類の製品を市場に出し、結果としてより多くの、差別化された製品や広告、新聞、TVに新しい多くのマークが見られるようになった。

さらにグローバルな市場では、企業に、次のような構造的な変化が起った。企業は、輸送や情報通信技術の飛躍的な進歩により、流通システムを大きく変えはじめ、原材料の供給から最終需要に至るまでの物流システムを、一つの企業の内部に限定せず、関係する複数企業で管理するシステム（サプライ・チェーン・マネジメント）を構築した。

たとえば食品分野では、従来、生産国の生産、集荷、輸出に係わる企業、一方消費国では、輸入業者、加工、販売業者など、多くの主体がそれぞれ連携はするが、別々に活動していた。均一な市場化と情報化は、効率を上げるため、より流通経路を短くするとともに、品質の管理をより厳密に行なうようになった。このようなサプライ・チェーンの変化とあわせ、食の供給の国際的な広がりから、食の安全がより厳密に管理されることが要求され、先進国の最終的な販売業者が力をもつようになった。彼らのブランド力と流通経路の支配は、購入者自身が、社会的責任から自分たちの基準を守るため、他の競争相手にも同じルールで事業を進めさせるインセンティブをもつことになり、同業者の集まりが自主規制、すなわち「ソフトな規制」をつくりはじめた。また巨大企業のシステムに関係する多くの企業は、自らの組織を管理する質を上げたり、信頼性を保証するため、ＩＳＯ９０００や、自らが調達する原材料や部品の信頼性の保証を求め、個々の原材料に適合マークを求めはじめた。かくして企業も、ＮＧＯの「ソフト規制」の圧力とは別の動機から、自主的組織をつくりソフトな規制を強いることとなる。

以下では、たんなる情報提供のマーク（ピクトグラムやロゴ）を離れて、表３-１にある特定の基準（標準）に適合していることの証明を伝える適合マークを中心に述べる。

ソフトな規制と適合マークの増大

(1) 国際市場における規制のトライアングル

以上述べたように、持続的発展や人権などの社会的な公正を実現するために、公的機関のみならず私的組織の多くの組織が、標準やコードをつくり、目的を達成するために活動するようになった。図3-1は、グローバリゼーションの時代に、国際的な規制のあり方を長く研究してきたケネス・アボットによる興味ある分析である。[4] いつからどのような使命をもつ組織が活動を始めたか、公的機関、NGO、企業からなる50近い国際的な組織を、時代区分に分け、三角形の空間にプロットしたものである。比較的私たちに馴染みのある強制法規のみでなく、環境安全について自主的な規制を含めた制度や社会的責任を果たすためにつくられた組織(多くの工業会や協会の国際版が典型的な例)が対象になっている。

それぞれの頂点には、国、企業、NGOを置き、組織の活動が企業とNGOの共同(外部の役員を任命するとか資金の提供など)によるようなものは、企業とNGOの中間に、また国と企業の共同で運用するようなものは、国と企業の中間にその組織をプロットしてある。

国際労働機関(ILO)は、国、企業、NGOそれぞれの利害関係者が「社会政策と企業に係わる共同の運営組織」をもち、1997年以降、各種のガイドをつくっているが、このような活動は、それぞれ三角形の頂点から等しい距離にある中心に位置するとした。三角形に付けられているグレーの濃さは、

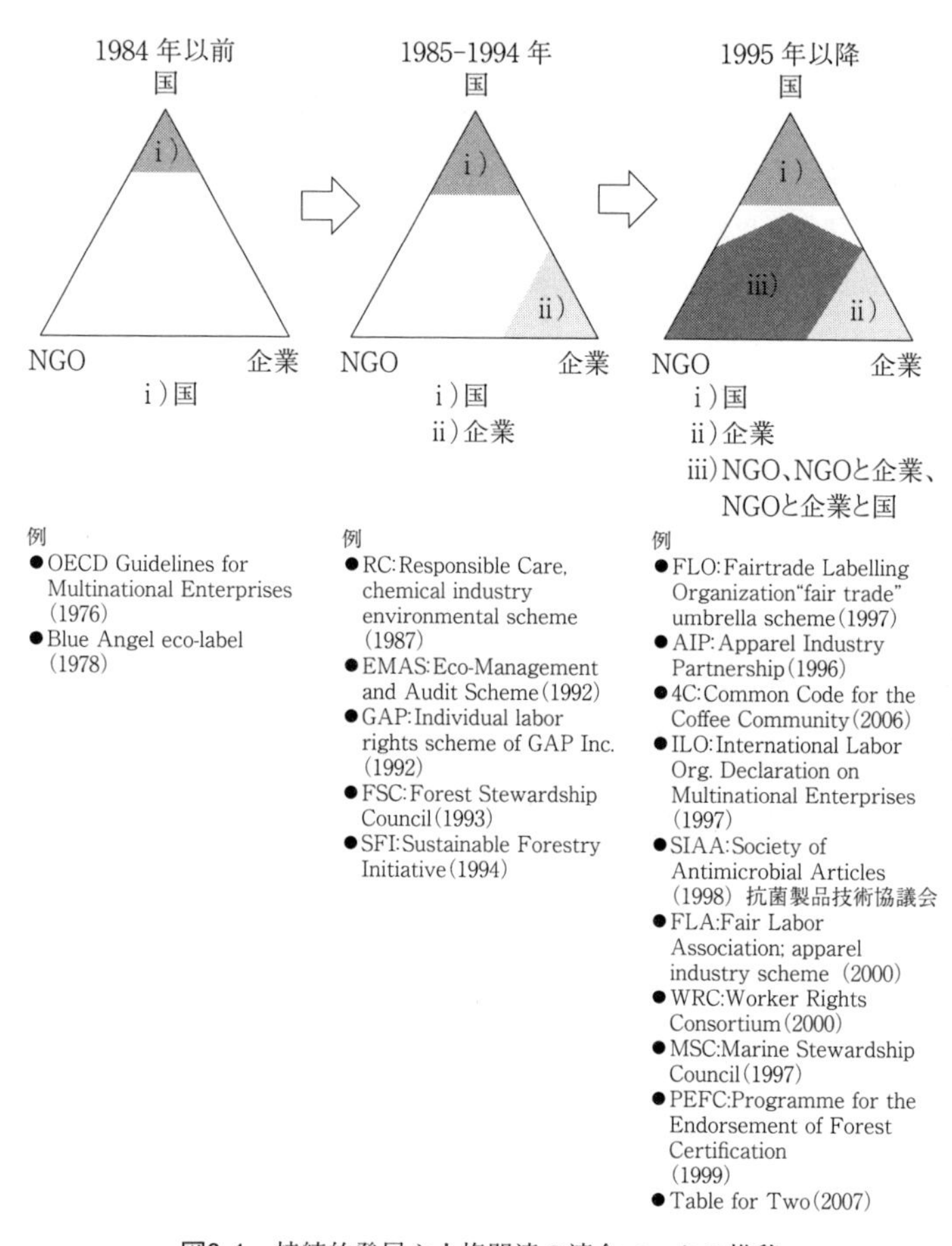

図3-1　持続的発展や人権関連の適合マークの推移

出典：K. Abbott and D. Snidel, "Governance Triangle: Regulatory Standards Institution and the Shadow of the State," in W. Matti and N. Woods (eds.), *The Politics of Global Regulation*, Princeton University Press, 2009, pp. 44-88 を基に作成。括弧は設立された年

その位置に組織が多くあれば濃く、少なくなれば薄くなるとしている。

１９８０年代からの推移をみると、当初は国の部分、たとえばＯＥＣＤの社会的責任の観点を取り入れた多国籍企業のガイドや、ドイツ政府のエコマークのブルーエンジェルなど国が主導するものが多く見られる。

１９８５年から１９９４年の変化は、リオの環境宣言や社会的責任の高まりから、多くの国際的な企業集団が、自主基準や、活動のためのロゴマークをつくるようになった。また国の環境管理の仕組みに企業が協力をする、欧州での環境管理システム（ＥＭＡＳ）の仕組みができあがった。

１９９５年以降になると、ＮＧＯの活動が全面的に花開き、一次産品に関するＮＧＯの組織や企業集団との共同のものなど、多くの民間組織が現れた。またクリントン大統領のイニシアティブでできた、企業、販売業者、労働組合、人権グループからなるアパレル製品パートナーシップ（ＡＩＰ）もこの時期のものである。コーヒーの共通コード（４Ｃ）は、国、企業、ＮＧＯの共同事業として三角形の中心に位置づけられる。

このように環境安全や社会的な倫理、価値に係わる国際的な場での管理や規制の仕組みは、１９９０年代を通じて、民間部門のウエイトが大きくなり、大きな変貌をきたした。従前、安全環境問題や社会的規範に係わるものは、一国の政府が責任をもち、法の実施を行なってきた。すなわち、ＩＬＯ、ＷＨＯなど国際機関による条約は、それぞれの国が批准を行ない、国際的に合意された目的を、その仕組みに従い、それぞれの国が実施をした。

このようにして、近年、国の強制的な規制と対照的に、ソフトな規制とも呼べる国際社会の企業集団やその他のプレイヤーを統治する仕組みが多くできた。これらは任意の標準やガイドに基づき、それらをある決められた仕組みに従って実施することで、たとえば環境問題の解決や世界の持続的発展に寄与しようとするものである。広く見ると、ある一つの業種に属する企業の国際的な組織で行なわれている"best practice"を、それぞれの企業が実行するようなことも含まれる。公的な機関や民間のNGO、あるいは企業の集団が、目的を実現するためにルールをつくり、それを実行し、監視することにより社会や経済の活動を管理するという意味で、「ソフトな規制」という言葉を用いた。

アボットの分析によると、図3-1に見られるように、グローバリゼーションとともに、公的機関による強制法規の分野の割合が減少した。すなわちしだいにNGOが主体的にソフトな規制を行ない、また企業が中心となり自分たちの自主的な規制ルールをつくる割合が増え、国際社会の統治構造が変わった。さらに近年は、国の代表、NGO、企業などの利害関係者が同時に運営する組織、すなわち三角形の中心に位置する組織が増大していると結論づける。

(2) ソフトな規制の増大の力学

国際機関による持続的成長や環境、安全分野の仕組みづくりの活動は活発であり、従来どおりの活動の延長線上で多くの決議や合意ができあがった[5]。

しかし温暖化防止に向けての交渉、WTOの貿易交渉、国連関係の化学物質の規制など、多くの課題の議論には先進国、発展途上国で利害が異なり、さらに多くのＮＧＯや産業が参加することにより、ますます合意が難しくなった。そのため、最終の結論に至るまで多くの時間と人的貢献が必要となり、交渉は難航するようになった。１９９０年代になり、持続的発展の必要性や、油濁、環境ホルモン問題、人権などの課題の解決は緊急性を要し、ＮＧＯは自主的にソフトな仕組みづくりを急いだ。

一方産業界は、積極的な社会的責任の精神のもとに、企業が持続的発展のための国際的な組織をつくり、自らの管理下で使命を達成しようとした[6]。なぜなら急進的なＮＧＯのソフトな規制の動向や、国際機関の条約に基づくハードな規制より、自主的なルールをつくり自己規制を行なうことを選択したからである。

このような各組織によるソフトな規制を行なうためには、独立性や中立性、実行を可能にするための専門性や組織の運営能力など、業務の遂行能力が必要である。企業は組織の運営能力には優れているが、中立性に欠けるところがあり、それを補完する意味での共同化が進む。一方、ＮＧＯの多くのソフトな規制は、公的な正当性が高いため、企業の組織と相互に利害が一致する場合は、共同の仕組みづくりが行なわれた。また企業間でも利害が異なる場合は、異なるＮＧＯと連携して、異なる組織をつくるなど、１９９０年の後半にかけ多くの組織ができ、相互の連携が図られた。

一方このような動きが複雑で利害が衝突する場合には、それぞれが新しい組織をつくった。先に述べたクリントン大統領のイニシアティブによる仕組みは、ルールの実施段階になると、利害が衝突し、いくつかの企業はＮＧＯとＦＬＡ（公正労働協会）を、また他のＮＧＯはＷＲＣ（労働者権利コンソシアム）

をつくった。

また森林の保護の分野では、1992年のリオサミットのとき、認証とラベリングの仕組みができなかったため、NGOがFSC（森林管理協議会）をつくったが、考え方の違いから、SFI（持続可能な森林イニシアティブ）、PEFC（森林認証プログラム）ができあがり、さらに統一を図るためForest Dialogue（森林対話）の仕組みをつくった[7]（図3-1参照）。

一方、個々の巨大企業の単独の行動にも多くの動きが見られる。

台所洗剤など消費財の最大メーカーで欧州に本社をもつU社は、同社の製品の多くが農業、海洋産品に依存することから、生態系を破壊せず持続的発展を目指すため、NGOと協力して、海洋資源に係わるMSC（海洋管理協議会）を立ち上げるほか、RSPO（パーム農園や製油会社からなる円卓会議）、RRS（持続可能な大豆の供給を目指す円卓会議）、またRFA（熱帯雨林連合）のもとに紅茶を売り出すなど、認証制度やガイドをつくり、U社のみでなく関係する企業群全体に広げようとしている。

また近年話題となっている温暖化対策の一つであるカーボン・フット・プリントに関しても、小売の巨大企業が、認証制度をNGOとつくり、商品の購入方針に表示制度を利用するという動きがある。これらの巨大多国籍企業の動きは、NGOだけでなく、企業が他の企業に同じ任意の社会規制を守らせることにより競争上の不利を防ぐとか、業界全体の評判を悪くする企業をなくするなど、工業会全体の活動に自主的な規制を取り入れるインセンティブが考えられる。

前記のように国関係のハードな規制のほか、NGO独自の仕組み、さらに企業集団独自の自主規制、

NGOや国際機関との交渉によりできた共同の仕組みなど、離合集散、合従連衡が繰り返され、ソフトな規制は多様性を増しながら増加し、結果として身の回りに多くの適合マークを見ることとなった。

(3) ソフト規制の組織(スキーム・オーナー)

1990年代以降、とくにソフトな規制が増大したのは以上のような背景による。

公的なハードな規制と同様に、ソフト規制は目的を達成するための課題を、関係者と交渉や利害の調整をして、技術仕様など広い意味での標準、いわゆる基準をつくる。この基準は対象とする活動組織の、ハードな装置や手続き、あるいは関連する人の行動に反映されるように実施される。その対象が商品の場合は、基準に適合していることを示すマークを付すことにより、市場取引を容易にし、安全性や性能についての情報を提供する。規制との違いは、国家権力を用いて強制的に義務づけるのでなく、自主的な判断で、関係者がソフトな自主規制を受け入れることである。

しかし、ソフトな規制の中には、厳密な基準をつくり、適合の可否を判断し、市場での監視ができる、国と類似した制度をつくり運用するものから、一方の極として解釈が弾力的にできるガイドや綱領などに基づき、関係者間での自主判断による自己規制がある。出版物などに組織の活動を表すマークやロゴを付し、とくに個々の商品にはマークを付さない、活動自身を主張するものもある。

標準の適合性評価の一つである、適合マークを付けたり表示を行なったりすることは、物の取引、貴金属の価値の確定や真偽の鑑定をするため、長い歴史がある。さらに近代的な標準制度ができあがる過程で、標準をつくる活動と同時に、たとえばＪＩＳマークなどの適合マークが公的な標準機関で使われ、国の規制のための適合マークとして発達してきた（表3－1の適合マーク参照）。

しかしながら、先に見たように、ソフトな規制は、環境保全や安全確保の持続的な成長を期すためのものや、労働者の権利や人権そのものに関するもので、従来、国の責任とされた分野である。さらに、関係者と利害の調整をして、技術仕様である標準をつくり、さらにその標準に適合していることを示すマークを付し、表示を行なうことを、従来の標準機関や国の機関とは別に、ＮＧＯや企業の集団が地球規模で行ないはじめた。そこでは、たとえば、森林伐採に関して、温暖化や地球環境を保全する特定の目的をもった組織をつくり、目的を達成するための標準を作成し、その実施を行なうための組織主体（スキーム・オーナー）が数多く出現したことを意味する。この現象は、１９９０年前後から顕著になったものであるが、第1章で述べた、情報通信分野で公的な標準機関が変化に対応できず、民間企業や個人が主体になり、多くのデファクト標準を作成しはじめたのとよく似ている。第二次世界大戦後できあがった、専門家に支えられた標準制度だけでは、グローバリゼーションや世界のニーズに対応できなくなったことを意味する。

このようにして、地球規模での課題を解決するための多くのスキーム・オーナーの出現は、あまりにも多様であるため、次に見るように標準の世界に問題を投げかけていくことになる。

マークの正当性と整合性——環境（エコ）ラベルの例

標準の世界へ投げかけられた問題とは、国の規制のみならず、ソフトな規制が増大し、マークの意図が明確でないものが含まれ、一方的に多くの性格の「適合マーク」が増えたためである。国際的な場では、一国の統治と異なり、ソフトな規制自身を管理する主体がはっきりしないため、事態をさらに混乱させている。なぜなら、一国の場合は、仕組みがあいまいで問題が起るようなものは、その国の世論が抑制することができるが、国際的な仕組みではそれが難しいからである。

氾濫する表示（ラベル）やマーク、さらには個々の企業や企業団体のロゴ、製品のステッカーや出版物の表示（「地球にやさしい」、「グリーンな」など）は、個々の内容が紛らわしく、真の意味で忠実に基準をつくり実施しているものから、スローガンに終わるようなものまで広く分布している。このような多様性を統一し、マーク自身の統一化を図ったり、内容についてのルールへの適合性について起る問題を、根本的に解決する国際ルールは今のところ見当たらない。しかし、適合マークについては、とりあえずISOの各種のマークに係わる適合性評価のルールが、今のところ整合性を判断するよりどころとして利用できる。

まずどのようにISOの適合性評価のルールや標準がつくられてきたかを、十数年前から議論になった環境（エコ）ラベルを例に見てみる。

1990年代の初め、欧州の多くの国がエコラベルの制度をつくりはじめ、日米その他の国から、貿易制限になることの懸念の表明が出された。一方、多くの民間の組織でも自己規制の観点からの「グリーンな」とか「地球にやさしい」などのステッカーを使うようになり、多くの混乱が生じた。

ＥＵ内で全体の統一的なエコラベルをつくることも議論されたが、結局合意に至らず欧州各国それぞれのエコマークが存続し、さらに日米の民間組織を含めて多くの「マーク」ができあがった。

この問題を解決するため、ＩＳＯ標準１４０００シリーズで１９９９年から２０００年にかけて長い議論を経て、次のようなルールができあがった。

① タイプ１（第三者による認証）

基準に対して合否を第三者が判定する。また対象となる製品の分類や合否の判定基準を運営委員会で決める。事業者の申請に応じ、審査に合格すれば適合マークの使用を許可する。

② タイプ２（事業者の自己適合宣言による環境主張）

製品の環境改善を、市場に対して独自に主張する。第三者の判断はしない。

③ タイプ３（定量的な環境負荷データの開示）

データの開示。評価は読み手にゆだねる。合否の判定はなし。

いくつかの既存のエコマークのスキーム・オーナーは、各タイプのＩＳＯ基準に整合させようとしたため、限定的ではあるが、ＩＳＯの標準は一定の統一化への力となった。第三者による適合マークに基づき、国が主導するエコラベル制度やコーヒーなどのＦＴＬ（フェア・トレイド・ラベル）、森林保護のＳＦＣなどのソフト規制のラベリングは、ＩＳＯの標準に沿うように運営されることになった。

一方、個々の企業や国際的な企業集団組織でのあいまいな表示（組織や商品をよく見せるため、いいイメージの言葉を使ういわゆる“greenwashing”）の問題は、自己適合宣言のルールに則ることで適切な規定類をつくることができるが、どの程度の適用がなされたかは明らかになってはいない。

このようにして、環境関係のマークに関しては、標準と適合性評価の両輪ができあがり、ＩＳＯ的な観点からは標準化を進める仕組みができあがったが、以下のような課題が残った。

（1）ＩＳＯの仕組みができたときには、先に述べたように、多くの「マーク」の氾濫がすでに起った後であった。またＩＳＯのルールは、妥協の産物となったため、抽象的な規定になった。

（2）環境関係以外の人権や労働などの分野は、ＩＬＯや国連がつくるガイドや規範、あるいは自主的に補完する規定をつくったため、考え方が多様化し、ＩＳＯと整合性がとれていない。

（3）多くの企業集団やＮＧＯは、環境分野を含め独自の自己規制のルールをつくり、ＩＳＯの適合性評価のルールを用いなかった。そのため、解釈の幅が広くなり、モニターや、外部への開示度が不十分なものが多くできあがった。

このように、ＩＳＯのルールに収斂していくことは今のところ実現していない。しかしながらいくつかのＮＧＯが主導する第三者認証を行ない、適合マークを付す組織では、ＩＳＯのルールとの整合性を高めるための努力がなされている。

森林関連のＦＳＣ、海洋関連のＭＳＣ、コーヒーなど発展途上国の農産品の公正な取引を目指すフェア・トレイドラベル機構（ＦＬＯ）などの12の組織は、ＩＳＥＡＬ（国際社会環境認定表示連合）という

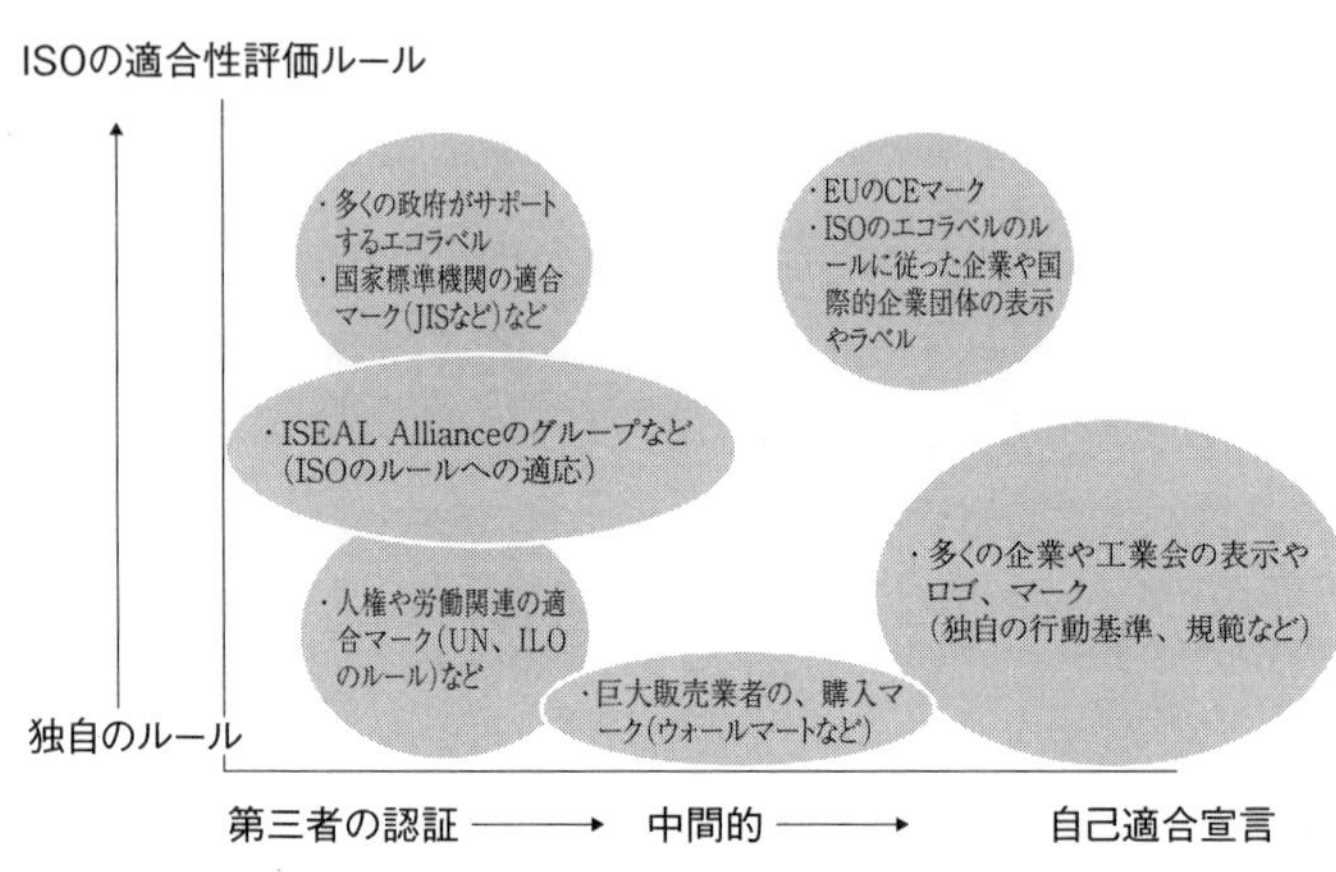

図3-2　国際的な“マーク”の鳥瞰図

組織をつくり、統一された行動基準のもとで相互にISOのルールに整合化を図る活動をしており、ISOの消費者委員会に参加し、意見交換を行なっている。(8)

これら氾濫する国際的なマークの全体の整理は至難の業であるが、とりあえず次の二つの軸で整理すると図3－2のようになる。

（1）ISOの適合性評価ルールからの距離

（2）組織の性格（第三者による適合性評価と自己適合を行なうものを両極とし、その中間にテストデータやモニターなどを部分的に第三者の支援を受けて運営するものを位置づける）

氾濫するマークと課題

これまで見てきように、多様なマークが氾濫して、複雑になっているが、いくつかの課題を最後に考えてみたい。

（1）ISOのルールを基に、多くの適合性マークの評価を行なったが、ISOのルールの正当性は果たしてあるのか?

(2) 環境や持続的発展といっている商品は、最終商品が同じように見えるが、本当に「地球にやさしい方法」でモノづくりをしているか?

(3) 多くの人々が主張するように、マークを一つにできないだろうか?

(1) ISOのルールの正当性

「マーク」の問題に関する適合性評価の体系的なルール、とくにエコラベルについては、ISOのルールに一般性があると思われる。しかし、すでに述べたように多くのNGOや企業関係者は、必ずしも正当性があるとは考えていない。ISOの標準やガイドに基づく制度づくりは、文書化をし、図書館のように、関連文書を管理することが基本で、作業に負担がかかるという批判がある。

またISO9000シリーズで本組織は有名になったが、このような標準は認証ビジネスと結びつけられ、審査を経て認証を取得したことによる経済社会的な便益に比べ、認証機関やコンサルタントに払う多くの費用や、企業内での多くの人的資源を必要とするとの批判があり、ISOの組織自体に疑問を呈する人々がいる。

しかしISOのルールで述べていることは、制度や組織の仕組みの普遍的な要素、すなわち説明責任、公開性、公正さ、透明性、手続きの適切さなどであり、抽象的なところが多いなどの問題があるにせよ、全体的に見ると世界的な基準としてよくできている。

認証費用がかかることや認証機関の審査の煩雑さ、一方、第三者の審査による客観性をもたせるメリットのバランス、すなわち自己適合にするか第三者認証にするかは、組織の任意の選択が可能である。

一番大きな問題は、関係者が多く、合意に至る時間がかかることによる、ＩＳＯの標準やガイドのできあがるタイミングの問題である。すなわち地球規模での諸問題は、持続的発展の問題のほか、エネルギー、高齢化をはじめとする弱者の問題など、適合性評価だけでなく、ピクトグラムのようなマークも世界中で統一される方がよいが、意見がまとまらないため、手を付けはじめるのが遅く、できあがってもなかなか統一的に使えないことである。

(2) 製造・加工プロセスの問題

「環境にやさしい」商品は、その商品自身の中身を指す場合と、製造方法が環境にやさしいやり方でつくられている場合の二つがある。後者は、たとえば有機肥料を使って育てた綿花や、自然エネルギーの風力を使い、発電した電気を使用して製造した製品を指す。市場にある商品は、イメージをよくするため「環境にやさしい」製品であるとか、化学肥料や農薬を使わずにつくったとのメッセージを商品に付すものを多く見かける。

本問題は、生産・生産方法（PPM：Production and Process Methods）の問題として、どのように適切な方法であることを証明するか、その効果はどの程度かなど、適合性評価の問題の一つとして議論されてきた。

この章の冒頭で述べたトピックはその一つである。WTOで20年にわたり米国とメキシコが本PPMの問題を巡り争ってきた例である。マグロの漁獲時に、イルカを殺してしまう恐れがあるので、米国でNGOの運動が起り、米国政府はイルカを殺さない方法でマグロを捕獲したことがわかるように、ドルフィン・セーフ・マークをマグロの缶詰に付すことができることを法律で定めている。

第6章でくわしく述べるが、メキシコは、米国政府のやり方とは異なったイルカに害を及ぼさない方法があると主張し、米国のラベルは貿易制限的な措置であるとしてWTOに提訴した。パネルをつくり争ったが、2011年の暮れ、米国の表示は貿易制限的であるとの結論が出、米国はただちに上告をした。メキシコの捕獲の基準は、特定の国によるもので、「国際標準」ではないと、パネルの上級委員会で判断している。

イルカの問題は、産品の特性に関係しない（イルカが死んでもマグロの缶詰の中身は同じ）漁獲方法を巡るものであり、環境や持続的発展の問題は、最終商品が同じでも「地球にやさしい方法」であるかどうかを問うたものである。

WTOの協定上は、標準やその利用のルールは、明確に決まったものではなく、PPMの問題を含め、WTOでの議論の進展やケースの蓄積がなければルールの統一化は難しい。

イルカとマグロのケースが、WTOの場で争われたが、PPMの問題は、多くが自主的なマークであるため、誰が監視をするのか、問題があった場合はどのような場で問題を取り上げるのか、判断をするのが難しい。

(3) 単一マーク

マークの制度を単純にして「単一マーク」にできないか? という議論がある。日本の消費者関連からだけなく世界的にも強い要望がある。1999年に標準に係わる組織で会合があったとき、その会合に参加した、H社の次のいい分は参考になる。

H社などいくつかの代表的企業は自己宣言が一番いいとする。なぜなら、異なる目的で企業が製品を何度もテストをし、証明書を得るのは社会的に見ても余分なコストをかけるだけで、何も価値を生まない。また多すぎるマークは消費者やユーザーにとって混乱や誤解を生じさせ、商品の信頼をなくす。このように適合性評価やマークの氾濫が、必ずしも規制目的に資していないことを指摘する。しかしまったく何もしないと主張するのでなく、適合性評価を企業自らがきちんと行なったことを宣言する書類を添付し、さらにいくつかの規制や必要な標準に適合していることを、世界的に表示する単一マーク (one global marking) のみを付けることにより、他の個々のマークを廃止し、書類には、いくつかの強制法規の技術基準や、関連する商品のマーク制度などに適合していることを記述しておくというものである。もちろん、自己宣言に自信がない企業は、従来のように第三者の保証を必要とするが、代表的企業は、問題が起れば企業自らがその「評判」に大きな損失をこうむるし、そもそも多くの顧客はマークを見て商品を買うのではなくて、企業のブランドを見て商品やサービスを購入するのが通常であると指摘する。

また彼らが主張するもっとも本質的な点は、先端技術を駆使し高度な製造装置や管理システムを用い、さらに持続的な発展の視点を取り入れた企業のモノづくりに関して、本当に第三者の認証機関で適切な適合性評価ができるのか？　ということである。すべてを信用せよとするのでなくて、企業は必要な検査の記録を保管し、要求があればいつでもこれらを開示し自らの正当性の説明を行なう。また規制当局は、市場の監視を行なうため、購入テストとか市場の苦情を基に、必要な調査を行なうことが必要だと論じる。そのためＩＳＯのルールは、自己宣言の一般的な基準を定めているが、これはあまりにも一般的すぎるので、商品の購入者に信頼してもらえるよう、企業の記録の保存の仕方やアクセス、記録のレビュー、宣言書の配布の仕方、説明責任などガイドを改正するべきだとする（その後ＩＳＯでは、２００４年に自己適合宣言はＩＳＯの標準になり、従来のガイドに比して、より具体的になった）。

しかしＨ社が主張する、単一マークの議論は、現実的でないと主張する人も多く、あまり議論されずに今に至っている。

自由な市場経済を基にした現在の国際化した経済社会では、以前存在しなかった社会的な力や組織が、社会のシステムの中に組み込まれるようになった。氾濫するマークはこのような現象の一つといえる。従来の一国の統治を基にした仕組みでは、多くの問題が解決できないのと同じように、氾濫するマークの問題も、今のところ抜本的な解決方法はない。

持続的な発展の分野に見られる、地球規模の、スキーム・オーナーの増大による適合マークの氾濫は、従来の国際的な専門標準機関の意思決定過程に、たとえばＮＧＯを入れるかどうか、また、タイムリーに標準づくりを行なうためにはどうするか、氾濫をどのように防ぐかなど、多くの問題を投げかけている。その一つとして、多くのＮＧＯが、マークや表示を“greenwashing”の問題として、監視をし、不適切なものは公開して社会的な制裁を科す、いわゆる“naming and shaming”で淘汰するというものがある。公正な評価をどのように行なうのかといった課題があるが、氾濫するマークへの対抗措置であることには間違いない。

マークをはじめとするソフト規制の研究を体系的に行なっている研究者は、国のサポートや監視がうまく行なわれている私的機関の「マーク」の制度は、効率的に公正に運用されているとの評価を行なっており、公共政策に期待を寄せている(9)。

本章で述べたように、本問題は、国の権限の及ぶ範囲や現在の国際標準制度の取り組みの限界から生じた問題で、どのような制度設計を将来に向け行なうかということに懸かっている。すなわち、国際標準のガバナンスの問題であり、これについては第6章でさらに考えてみることにする(10)。

注

(1)『朝日新聞』2016年1月11日、2月29日、4月7日のマタニティ・マーク、サポート・マークの特集号でマークの乱立を指摘している。

(2)全国消費生活相談員協会『暮らしに生かす　表示とマーク』全国消費生活相談員協会、1997年。

(3)カール・ポランニー／野口建彦ほか訳『新訳 大転換』東洋経済新報社、2009年。

(4)K. Abbott and D. Snidel, “Governance Triangle: Regulatory Standards Institution and the Shadow of the State,” in W. Matti and N. Woods (eds.), *The Politics of Global Regulation*, Princeton University Press, 2009, pp. 44-88.

（5）国連関係に多くの条約があるが、マークに関するものとして次の例がある。国際労働機関（ILO）による化学品の表示と分類に関する条約（Globally Harmonized System for Classification and Labelling）。

（6）世界的企業の自主規制については次の文献参照。T. Bartley, "Certification as a Mode of Social Regulation," *Jerusalem Paper in Regulation & Governance Working Paper*, No. 8, May 2010. および D.Vogel, "The Private Regulation of Global Corporate Conduct," in Matti and Woods (eds.), op. cit., pp. 151-188.

（7）森林認証についてはは次のイェール大学が行なっているものに詳しい。B. Cashore *et al.*, "Forest Certification in Developing and Transition Countries," *Environmnet*, Vol. 48, No8, 2006, 7-25.

（8）ISEAL, "ISEAL Code of Good Practice for Setting Social and Environmental Standards," ISEAL（International Social and Environmental Accreditation and Labling）Allaince Public, vervion 4, 2006.

（9）Abbott and Snidel, op. cit., 参照。

（10）本章は、田中正躬監修／編著『氾濫するマーク――多様化する認証』の第2章「グローバリゼーションとマークの現実」日本規格協会、２０１２年、を大幅に書き直したものである。

BOX3

標準の定義――用途による使い分け

標準は、何を分析し、どのような問に答え、あるいは提言をしようとするかなど、その目的により、異なった定義がなされる（米国議会技術評価局の報告）。

経済学に係わりが深い人は、取引される通常の市場において、いかなる状況で、いかなる方法で、標準が設定されたかを探求する。そのため、商品の特性を限定したり、相互運用を可能とする技術的仕様を説明した文書とする。

また社会学者や人類学者は、個人がその社会や文化に、どのように係わり合いをもつかという点に関心をもち、社会的な相互作用を容易にする行動ルールと考える。

さらに、政府の官僚は、標準は、社会的利害を表現したり、また社会的目的を達成する手段と考え、とりわけ規制を標準と考える。上記の経済学のアプローチに近いが、工業標準化法（ＪＩＳ法）の解説では、標準とは、製品の品質、性能、安全性、寸法、試験方法などに関する取り決めであるとし、次のような意義があるとされる。

（1）相互理解：長さなどの共通の単位・測定方法がないと、お互いに理解できない。

（2）互換性の確保：部品などについて一定の性能・寸法・品質が決まっていないと、部品の調達や製品の故障の修繕を行なう場合に、購入部品を使えるかどうかすべてチェックが必要となる。

（3）消費者利益の確保：消費者が蛍光灯、乾電池などを購入する場合に、一定の品質を満たすことがすでに証明されていれば、消費者自体は、安心して購入できる。

人やモノについての標準の分類

タイプ	人に適用	モノに適用
優秀 (olympics)	プロの音楽家、スポーツ選手、音楽家、歌手、ダンサー	1996年のベストワイン パリの高級ホテル、Car of the Year
抽出 (filter)	市民、クラブの会員 特定の高校の生徒	食べ物、玩具、子供服の安全、
等級 (rank)	准教授、副会長、助手	穀物の等級、地震の震度、成績の等級
分割 (division)	町の職業（肉屋、パン屋） 大学の学部生の種類	ネジの種類、リンゴの種類、クリスタルガラスの種類

出典：L. Bush, *Standards: Recipes for Reality*, MIT Press, 2011, p. 42を基に作成

（4）新技術の普及：新技術が市場で普及するには、標準により、その技術内容が他社にも理解でき、企業間で共有され、それに基づき製品または部品を製造すれば、市場で販売できることが保証される。

一方、社会学者が考える標準の役目は、前記のものとは異なり、たとえばローレンス・ブッシュの標準[1]の考え方は、社会の人々や生活空間にあるモノを選別したり、分類したりするときに使われるものであるとし、上の表を例として挙げている。この3章で扱う、マークや表示、さらにピクトグラムを考えると、経済学的な観点から互換性や多様性を調整して単純化するとする標準よりも、この考え方はよく当てはまる。持続的発展の観点から「優秀」とされるマーク、子供の玩具の安全マークのように、問題ないものだけを「抽出」する標準、アイロンがけをするときの、温度のランクを付けた表示、さらにプラスチックの種類を示す

マークは、多くのプラスチックの種類を「分割」したもので、リサイクルに有用である。

注

（1）L. Bush, *Standards: Recipes for Reality*, MIT Press, 2011.

II 国際標準の体系

第4章　国際標準をつくる——標準作成機関の構図

一二の難行によって、ヘラクレスはライオンを退治した豪勇として一般的に知られているが、五番目は掃除の話である。数千頭の牛が飼われている家畜小屋は、糞尿や死骸であふれ、汚く、多くのものが散らかっていた。ヘラクレスに課せられた難行は、一日でこの家畜小屋を掃除する知恵を必要とする難題であった。彼は、異なった場所を流れる二つの川から大量の水を引き、一気に家畜小屋をきれいに洗い流してみせた。「標準の力」も「ヘラクレスの水」のように、経済社会の多くの担い手が、それぞれの異なる決まりや異なる仕様のモノをつくり、複雑になったものを、整理整頓し社会に秩序を与えるものだ。

第1章から第3章にわたり、ビジネスの世界、国の規制する世界、また市民生活の世界でどのように国際標準が浸透してきたかを見てきた。本章では原点に戻り、まず「標準とは何か」について見ていく。

太郎の休日での一コマと彼の仕事からはじめ、「標準の力」を見た後、国際標準の意義や価値を議論する。次に合意に基づいてつくられるとされる国際標準機関ISO／IECの標準を物差しの基準に置き、デファクト標準、すなわち市場でつくられるインターネットに係わる標準などと、どのように異なるかを見る。さらに第1章で見た情報通信分野の標準づくりが、どのようにISO／IECの標準制度に影響を及ぼしたかを検討し、将来の国際標準のあり方について課題を述べる。

太郎の1時間

休日、太郎は、メールで送ってもらった写真のお礼をブラジルの友人にメールで出した後、電池とコーヒー豆を買いにスーパーに行った。コーヒーはたくさんの種類が並べてある棚から、彼から教えてもらったフェア・トレイドのマークのあるコーヒーを探し買った。スーパーの出口には、ISO9000取得と大きく表示がしてあった。家に帰った後、マウスに単三の乾電池を入れ替え、それからプリンターに写真用の用紙を充塡し、ファイルとして送ってもらった写真をプリントアウトし、明日提出する文章をWordで完成させた。

誰にでもよくある1時間であるが、この時間にどのような標準にお世話になっているかを見ていこう。

パソコンを通じて、ブラジルの友人にメールを送ったり、写真のファイルの交換ができるのは、インターネットを支える民間の標準機関IETFの標準が、ネットワークを通じて相互運用を可能にしているからである。また、異なる企業がつくったディジタルカメラで撮った写真のファイルが、異なる企業のパソコンを通じて送られ、市販の写真用の用紙にカラー写真が印刷できるのも、ISO／IECで作成した標準や、写真の用紙に関する仕様がISO標準で決まったものを利用しているからである。

また、太郎が文章を作成するWordは、民間企業のマイクロソフトの標準であり、世界中の多くの人が利用し、彼も日常的に仕事で使っている。

買ってきた単三の乾電池は、マウスに入っていた前の電池とちゃんと取り換えができる。取り換えるときにマウスの裏を見るとCEマークが見られ、EU市場に流通できる電気製品の標準に従っていることがわかる。

電池は、単三を買えば装着できるように、長さや幅に制限をもたせられており、消費者がスーパーで販売しているどの単三の電池を選んでも、問題なく入れ替えができる。すなわち品種が多くなるのをIEC標準で制限している。もし標準により種類が限定されていなければ、取り換えが可能なものを探し出すのは大変だ。また写真の印刷用紙も同じで、標準により種類が制限されているため探すのが簡単だし、プリンターでの位置さえ合わせれば、用紙にうまく印刷できる。

スーパーで買った、フェア・トレイドの適合マークが袋に付いているコーヒー豆は、ブラジルの友人がいったように、買ったコーヒー代の一部がプレミアムとして、コーヒー豆を栽培している零細な生産者に移転するための適合マークである。またスーパーの出口にあった、ISO9000取得の表示は、このスーパーが組織の品質管理をちゃんと行なっていること、ISOの標準に従っていることを示している。

このように、太郎の休日の一コマは、世界標準に支えられて、スムーズにことが進行しており、見えない「標準の力」のお世話になっていることがわかる。

太郎の生活空間は、標準組織、企業、企業の集まり、NGOなどが作成した多くの標準に取り囲まれている。これらの標準群は、目に見えないが、太郎の行動をスムーズにするため、あるときは、相互の運用を協働化し、あるときは、制限を加えて管理し、さらに情報を提供し、それぞれの要素が、相互に働くように調整している。多くの慣習、規範、法的な社会制度が私たちの社会の行動を、制限し、協働化を促進し、全体の調整を行なっているのと同じである。そのような意味で、標準制度は社会制度の一つであるが、これまで述べてきたように、多くの人に繰り返し利用され、同じ結果や成果が期待できる技術の内容が文書化されたもので、慣習や規範のような、人々が日常生活で、無意識に依存しているような知恵とは異なる。

このように標準は、あるときは単独で、またあるときは組み合わされ、大きな力を発揮する。太郎の仕事に係わる面やさらに広く公共空間での「標準の力」について見てみよう。

標準の力（その1）

太郎は、高速鉄道システムの海外での建設を担当している、システム管理者である。高速鉄道は、巨大な構築物やソフトを含めたシステムをつくることから、現場での建設、エンジニアリング部門、さらには試運転を含め、プロジェクトマネジメント（PM）が必要である。

彼の担当するA国のシステムインフラは、仕様書、技術基準、要領など多くの標準が関係している。多くの部品や機器類を調達するに当たり、国際的な標準のみならず、現地でのローカルな標準や部品の製作を行なう企業の社内標準など、多くの技術仕様書や据え付け、配管配線、工事手順など、工事の仕様書（標準）が必要となる。さらにCAD／CAMなど機械設計データ、製造データなどを記述する仕組みを共有し、各システムが整合的に動くことが必要である。

同時に、考え方や国籍が異なる多くの人が集まるインフラ事業を進めるためには、人に係わる統一した管理も重要である。経理や地元の税務などの経理関係をはじめ、出入国や各種の契約、さらに保険関係などの総務関係の統一的な事務文章（標準）、また人事や福利厚生管理に始まり、宿舎の管理など労務に係わる規定もなくてはならない。これら企業の社内標準に当たるものは、国際的な広がりをもつISO9000のようなシステム管理に係わる多くの標準が助けとなる。

太郎のシステム管理者としての標準の意義は次のような点である[1]。

(1) 調整役としての標準

巨大システムを分業により進めるには、専門知識をもった人々との詳細な技術的検討が不可欠である。標準はその対象とする特定の技術範囲の中身を、一時的に変化を凍結する役目を果たし、記述された文書どおりに実施すると、期待される技術がそのまま実現できる。

特定範囲のインターフェイスの標準を決めることにより、標準に合う部品を装着することで全体のシステムに影響を与えずに、部品を取り込むことができる。標準によって決められた機械部品は、全システムと相互の運用ができるため、問題になっている標準の部分の技術に限定して、専門家の間での議論や作業を集中的に進めることができる。すなわち、つねに全体との調整を考えながら作業するのでなく、標準を基にその部分だけを切り出し、必要な作業を同時並行的に行なうことができる。関連する部分の標準を用いることにより、作業全体の調整役を果たしているのである。

(2) 調達における交渉と標準

機器類やサービスの調達には、膨大な作業と費用がかかる。製品仕様書を特定の標準に制限することによって、システム管理者は、部品などの供給者がどのように性能の必要条件を満たすのかを精査する必要がなくなる。すなわち技術的な互換性をもつ標準を利用することによって、機器類などの供給者に、仕様を公開することができる。多くの供給者がいれば、標準の設定により競争による価格の低下のメリットが得られるし、近くに機器の提供者がいる場合は、標準の内容を明確にすることにより共同で開発することも可能である。

このように、標準は、購入者と供給者との協働を可能にすることから、その使用、交渉過程の範囲を特定化し、生じる交渉問題の緩和の役割をもっている。

（3）記憶としての標準

部品の供給者はカスタムメイドを好むが、太郎は必ずしもすべての技術の内容がわかるわけではないので、供給者のいうとおりにすると、内容がブラックボックス化し、必要な組織的記憶および能力が奪われてしまう。技術が高度化し、学ぶのがますます難しくなる現代の産業では、このバランスをどのように取るかが課題となる。

巨大システムは多くの複雑な技術からなるが、標準は、使う人に関係なく同じ結果を期待する文書であるため、逐次標準を設定することにより、標準として技術内容を文書にしたものは、システムに関係する技術の内容の記憶となるともいえる。時間軸に沿って構築され、保持される技術の過程が明らかになるほか、標準とされた技術内容を必要なときに呼び出し、生じた問題を遡って検討できる。

太郎は標準を通じて、高速鉄道プロジェクトの管理に大きな恩恵を受けているが、彼が属する企業でも、全般的な恩恵を受けている。

企業が顧客に満足される商品を製造し、買ってもらうためには、経営、職場環境を含めた商品を生み出すため、品質への整合的な意識を組織的にもつことが重要である。そのためには、技術、製造、販売、管理部門の諸機能が協調して、効果的に動くような組織をつくるとともに、組織がスムーズに動くルールをつくる必要がある。周到な計画と着実な実行、それらの確認、また改善を行なうため、企業の中では、外部の標準を利用するほか、多くの自らの標準がつくられる。たとえば製造現場では、いろいろな作業標準に従い仕事を進めていくが、そこで不良品が発生し、思わぬ機械類のトラブルが起ると、その原因を究明し、作業標準を書き換え、同じ誤りが起らないようにする。また技術部門と協働して、新しい技術的な知識を作業標準に組み入れ、より質の高い商品をつくり、生産性を上げる努力を行なう。

すなわち企業の「モノ」をつくる行為は、その企業の特定の多くの標準類に支えられ、作業をする人が作業標準に従い操作するよう管理し、あるいは関係者との間での協働を促す。

さらに、予期せぬ不具合が起ったときは、再発を防ぐため操作を変え、装置を変更することを文書に取り入れ、標準の中に経験を記憶として残すようにし、より改善された作業を目指す。

標準の力（その2）

以上、太郎の日常生活、企業で働く人の立場から「標準の力」を見たが、輸送に関する標準について、公共空間の中での「標準の力」の二つの例を見てみよう。

(1) コンテナの標準(2)

時代は遡るが、コンテナが登場する1950年代までは、港では、荷役で働く人々が、船の荷物を人力で運び出し、それを陸上輸送機関へ積み替える、古くからある作業を行なっていた。19世紀後半以降、鉄道や船、さらに飛行機によって世界中がつながったが、それらを利用するための仕組みが不十分で、荷役の部分をはじめ、まだ多くの問題を抱えていた。米国の運送業者マルコム・マクリーンは、トラックの荷台にある荷物の部分だけを箱として切り離し、船に乗せることを思いついた。既得権益をもつ沖中士の組合などと闘争し、1956年に標準化したコンテナを用い、世界で初めての海上輸送を行なった。一方、第二次世界大戦の中で、輸送の効率化からパレットが考え出され、コンテナと組み合わされ、物流に大きな変化が起きた。

さらにコンテナ、パレットが引き金になり、多くの関連分野の標準化が進み、流通革命が進行した。パレットに合わせてフォークリフトが、コンテナに合わせクレーン類が、さらに鉄道やトラックの荷台というように、次々に標準ができあがった。バラ積み輸送をしていたものがコンテナ輸送に代わることにより、集積と積み替えの繰り返しが容易になり、ドアからドアへの配送が容易になった。コンテナを考えたマクリーンは、無償で彼の特許をISOに提供し、コンテナが引き金になった多くの流通機材は、次々とISOの国際標準となった。ヘラクレスが、大量の水を川から引いて、煩雑で汚い広大な家畜小屋を掃除したごとく、マクリーンは流通の仕組みを整理整頓した。港湾に煩雑に放置された、それぞれ異なる仕様の貨物や、異なる荷役方法を、「標準という水」を用いて統一することにより、コンテナの積み上げを整頓し、さらに船舶をはじめとする交通手段を単純化した。

ISOの標準として、コンテナは3種類、パレットもわずか6種類の標準しかなく、基本的には世界中で統一されている。子供の玩具のレゴのようにモジュールになっているため、異なる大きさの荷が、コンテナとパレット、さらに標準化されたカレットを用いて、搬送機器の助けで運搬できる。さらにI

T技術の進歩により、標準化された無線による情報の読み出しや書き込みができるICチップが安く利用できるようになり、荷物の識別や追跡などの管理が容易になるなど、情報のネットワークとの融合が急速に進んでいる。この物流の標準類の体系は、荷役の苛酷な労働から人々を解放しただけでなく、輸送コストを下げ、時間を大幅に短縮し、計り知れない便益を人類にもたらした。これは、国際標準を設定することにより、複雑な荷の形態や運び先を、驚くほど調整し管理できる「標準の力」を見せつけられる例である。

(2) 規制に使われる標準

二つ目の例はCEマーク制度である。国とは独立している標準機関がつくった標準は、しばしば機械や電子製品に商品設計の段階で技術的な制限をし、安全の確保や環境保全を図っている。第2章で見たように、多くの既存の標準が国の法規制に引用され、規制をするための国の新たな技術基準の作成コストを削減している。また強度の測定に係わる標準の例のように、多くの法規に引用され、測定方法に整合性をもたらしている。

何よりも「標準の力」を見せつけたのは、EUの域内市場の統一を図るためのCEマーク制度をサポートする標準類である。EUは、28カ国、さらに企業も納得できる基本的な安全要件のみを定め、企業の商品の製造は、多くの選択肢をもつ標準のプールの中から、EUの指令に合うものを選ぶ。すなわちEUの標準を用いた規制の体系は、国も異なり文化も異なる企業が、自らに最適な標準を選び、基本的な要件を満たす仕組みをつくったことである。このEUの標準機関の標準類のプールには、機械や電気製品の安全を配慮した標準、リスクを評価する標準、企業の組織の管理に関する標準などが含まれる。このEUの数十年に及ぶ努力の結果は、グローバリゼーションの時代、すなわち国境を越えて商品が自由に取引される時代の制度づくりに、大きな教訓を与える。標準という、基本的には民間サイドの仕組みを、国の枠組みと結びつけ、EUの28カ国の中で、実際にCEマーク制度を実施し成功に至った例である。

標準の解剖

以上、太郎の日常生活の一コマ（消費者の視点）から始まり、高速鉄道のプロジェクトと企業の中での品質管理（企業の視点）、流通システムにおける標準の役割や国の安全環境の保全への役割（国の視点）について「標準の力」を見てきたが、一般性をもたすように整理したのが、表４－１の上部である（この章の最後にあるＢＯＸ４では、経済学の立場から説明する）。

「標準の力」を発揮できる標準の属性、すなわち標準の特性を帰納的に整理すると、表の下の部分にあるように、標準に関する多くの実務的な入門書に書かれているような、四つの要素に分解できる。

それぞれ個々の標準は、一つの特性だけを備えているわけではなく、複数の要素を備えている。たとえば乾電池は、放っておくと多種類の製品ができるが、単1や単2などとすることで、多様性を調整し、

表4-1　標準の力（便益）と特性

消費者の便益
商品やサービスは、互換性の確保、安全や環境に配慮されている。
表示やマークで情報が得られ、企業の信頼性や商品選択が容易になる。
多くの企業が同じものをつくるため、競争が促進され、商品が安くなる。

企業の便益
標準化により、製品の種類が減少して、規模の経済が働き、製造コストが減少。
原材料の購入や他企業との取引に標準を利用することにより、取引費用が減る。
自らの標準を、市場に広めることにより取引を有利にできる
（デファクト標準戦略）。
企業内での、組織や製造過程の管理に使える。
国際標準を基に、海外の市場のアクセスが容易になる（標準の普遍性）。

国の便益
標準機関での標準を、規制基準に引用できる。
社会インフラの整備に標準を体系的に使う（流通システム、情報システムなど）。
情報の非対称を標準を使い解消（表示やマークを義務づけ）。

標準の４つの特性
- 多様性の調整：種類が少なくなり、大量に生産できコストが下がる。
- 相互運用と互換性の確保：インターフェイスが相互につながり、運用できる。
- 環境保全や安全の確保：経済社会にマイナスの影響を与えないようにする。
- 情報の提供：適切な情報を提供し、情報の非対称を防ぐ。

また電気器具にそのまま装着できるといった互換性を確保している。さらに乾電池の内容物の化学物質が漏れないよう、安全の配慮ができている。

また安全法規に引用される、化学物質の測定方法の標準は、多様化を防ぐとともに、使う人が標準を見れば、どのような測定方法でどのような結果が出るかの、適切な情報を提供する。

技術的な約束ごとを文書にし、繰り返し利用され、多くの人々が同じ結果を得られる「標準の力」は、多

様性を調整し、互換性や安全を確保し、情報の提供を行ない、相互理解を促進し、相互の調整を行なうわけである。

次に、

(1) 国際標準はどのような組織が、どのようにつくるのか?

(2) 公的な標準(デジュール)と事実上の標準(デファクト)の係わりはどのようになっているのか?

さらに、両者の延長線上にあると思われる「オープンスタンダード」を考えていくことにしたい。

標準をつくる組織と標準づくりとの異なり

これまで多くの標準が多くの組織によりつくられ、多様な「標準の力」をもつことを見てきた。ここでは、国際標準に焦点を当て、どのような組織が、どのような特徴をもつか、またそれぞれがどのような位置を占めるのかの鳥瞰図を見てみる。まず基本形としてISOを取り上げる。

(1) ISOの概要

ISOは1947年に、国連の系列の非政府組織としてジュネーブに設立された。

国連、WTOなどの組織と類似の運営をし、現在160カ国以上が加盟している。加盟する国の代表機関を通して、各国の利益を反映する、いわゆる第二次世界大戦後の典型的な政府間の管理組織である。

その国内の個人や企業は、その国の政府ないし政府が了承する機関を通じてのみ、自分たちの意見を反映させるモデルといえる。

生産物である標準は、1カ国1投票権による最終的な投票により権威づけを受ける。すなわち世界中の人々の了解を得てできあがる。

ISOの標準を、各国が自国の国家標準に採用するときは、無料で利用することができ、国際標準の普及を促進する仕組みができあがっている。またあらゆる階層の国々の国民的利益を反映するため、20人からなる理事会があり、六つの常任理事国を除き、すべての国の代表に選ばれる機会を与えている。六つの常任理事国は、会費の多寡、ISOでの標準づくりの貢献度などを勘案して、米国、英国、フランス、ドイツ、日本、中国が任命されている。事務局は150人程度で、財政は、会費と標準の売上げの一部からなる（現在、財政の約7割は各国の分担金で、その他は、自らの多国籍企業などへの標準の販売などによる）。

ISOでは、1980年以降、グローバリゼーションの影響を受け、多くの標準が作成されるようになり、現在では2万を超える標準をストックとしてもっている。隣接するIECが電気電子関連を、その他の分野をISOが、またソフトウエア関係は共同した組織（ISO/IEC JTC1）で扱っている。

標準の対象も、エンジニアリング関連（ハードな標準）が中心であるが、近年、国際的な課題に取り組むようになり、ISO9000シリーズに見られる組織の品質や、環境関連、セキュリティー、組織の社会的責任といった、「ソフトな標準」にも取り組むようになっている。

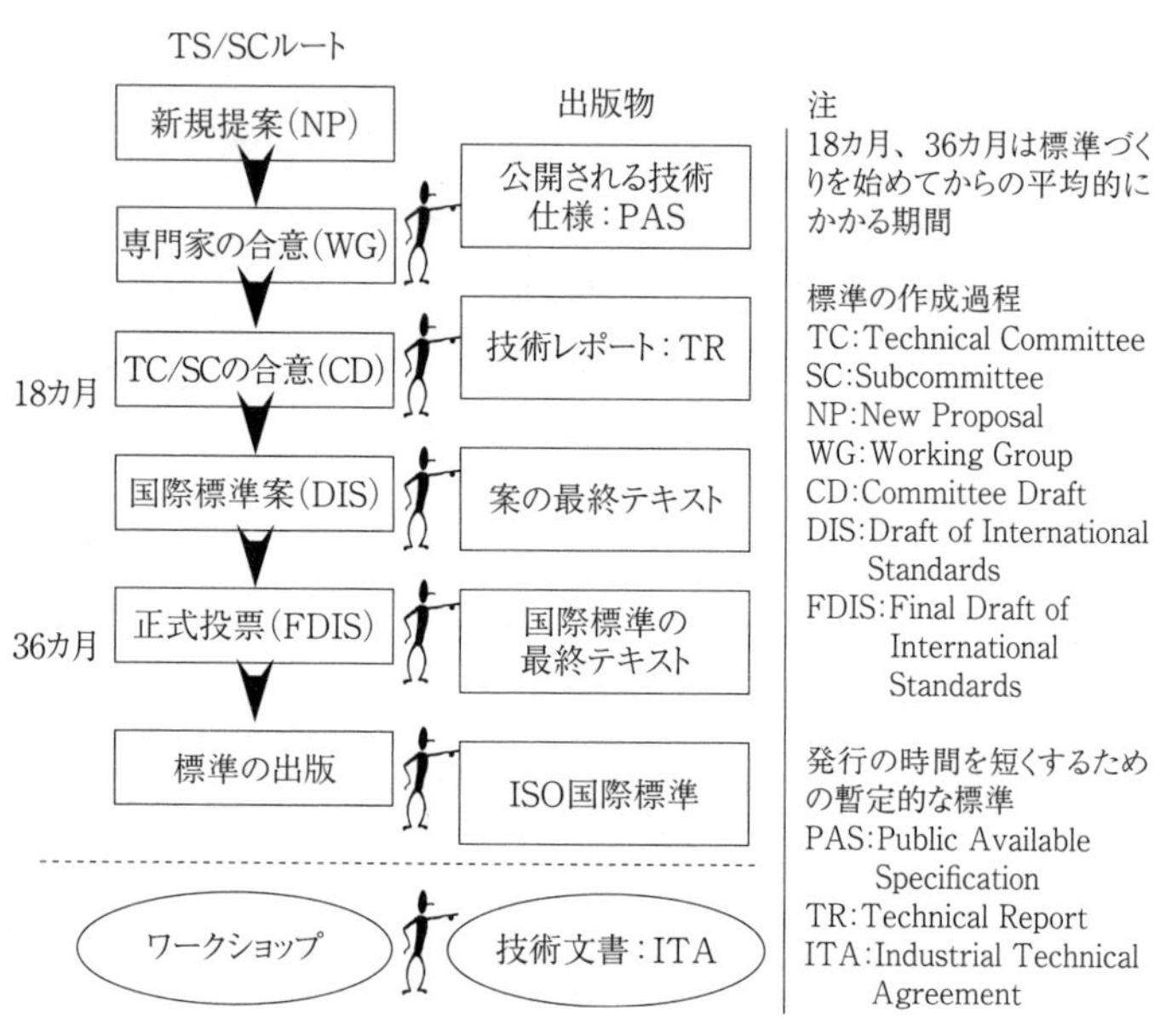

図4-1　標準作成プロセスと出版物

(2)ISOの標準づくりの過程と内容

ＩＳＯの標準づくりの過程を図４－１で見ると、新しい提案（ＮＰ）があり、小さいグループ（ＷＧ）で検討し、小委員会（ＳＣ）での議論を経て、技術委員会（ＴＣ）へ行き、最終案をつくり、多数決ルールに基づき、ＩＳＯの全メンバーで投票して、国際標準になる。

それぞれの段階で行なう会合のやり方は、19世紀の後半に広がったロバーツのルール(Robert's rule of oder)に基づき行なわれている。会議では、まず議題と議長を決め、議長の采配により、多くの人に意見を発言させ、議題に沿い議論を進め、会議終了後は議事録をつくり、会議の参加者の了解を求める。また決議するときは、多数決（過半数や三分の二の賛成など）や反対する票の割合を考慮して決するが、反対がある場合は、対象とする技術の範囲を狭くする、あるいは、抽象度を上げ、一般性をもたせる、さらに決議文には載せず、議事録に反対する参加者の趣旨を記すなど、ケースごとに多くのやり方があり、最終的に決議がつくられる。

この会合の方式は、ＩＳＯに限ったことではなく、現在では会合の進め方として一般的であり特別なやり方ではない。

他の組織と大きく異なるのは、図４－１にある、この長い過程を一つずつ、案をつくり関係するメンバー（国代表）に意見を求め、意見を基に検討し、次の過程へと進んでいくやり方で、またそのやり方が、運用指針として成文化され、公開されている点である。すなわち段階ごとに、多くの時間をかけて、標準の案をつくることとなる。

またつくられる標準の内容は、次の節で述べるが、定型化された形式をもち、関係者が記述されている内容どおり作業を行なえば、同じ結果が得られるよう注意深く文書ができている。そのため、用語の定義が厳密になされているほか、意図する結果を得るための分析や試験方法が、他の標準を引用することで明確になっている。

またこのような形式でつくられた標準は、維持管理をすることが必要である。ＩＳＯの標準は、５年を超えない期間内に、その時々の技術の変化した経済社会の要請に応じて、標準の内容の見直しがなされ、いつの時点の標準であるかを明示することとなっている。

(3) ISOの標準の定義と他の組織との関連

ISO/IECの業務指針に書かれている標準の定義は次のようになっている。

コンセンサスに基づいて作成され(established by consensus)、認知された団体によって承認された(approved by a recognized body)文書(document)であり、共通に繰り返し使用(repeated use)されるため、諸活動についての、またはその結果についての規則、指針、または特性を規定し、所定の文脈の中で、もっとも望ましい水準を達成することを目指したもの。

話が複雑になるのを避けるため、筆者は、標準の定義を「同じ結果や成果が期待できるように、技術の内容を文書化し、文書の内容どおり実施すれば、誰が行なっても同じ結果が得られる「文書で書かれたもの」」として話を進めてきた。このISOの定義により私のラフな定義で述べなかった点を厳密に考えると、次の2点が重要である。

① コンセンサス、認知された団体により作成されるとは何を意味するか?

② 技術的な文書にされたものがもっとも望ましい水準に達しているものとは何か?

①のコンセンサスとは、狭い意味では会議での結論に達するやり方であるが、単に一つの会議のみで標準がつくられるわけではないので、「認知された団体」との関係で考える必要がある。誰に認知されたか、という問いに答えるのは難しいが、適切な手続き(due procees)によりつくられたか、さらに透

明度（transparency）が高いか、ということであろう。手続きの適切さとそれを支える成分化された運用指針の有無、さらにその公開の透明さが重要な点である。

②については、作成した組織は当然最適なものであると一般的には主張するが、使う方の立場から考え、役に立つことが重要である。

先に見た、ＩＳＯの標準づくりを見ると、あまりにも時間がかかるほか、膨大な事務処理を行なう必要があり、多くの世界の標準をつくる組織は、このようなやり方による作業を原則としていない。

またＩＳＯ／ＩＥＣの標準の定義を厳密に当てはめると、①の点に関し、民間のコンソシアム、国連関係、ＯＥＣＤなど重要な組織が作成する標準は、透明性の観点から、国際標準の定義には当てはまらない。

しかし②の観点からは、これらの組織はすばらしい標準の文書を発行して、とくに使用する側からは、高く評価されている。情報通信の標準をつくるＩＴＵは、標準という言葉は使わず「勧告」（recommendation）という言葉を使う。ＯＥＣＤは、化学物質の安全評価の関係者が利用する「化学製品のテストガイドライン」を発行している。①には該当しそうにないが②の観点からは優れた標準である。さらにOffice（マイクロソフト）、iOS（アップル）、Android（グーグル）などの市場で使われている標準は、①の点を除けば優れた標準である。

ＩＳＯ／ＩＥＣで発行される標準の形式は、次のような項目として定型化されている。

（ア）標準の適用する範囲、（イ）他の標準からの引用、（ウ）用語の定義、（エ）使われる記号と単位の明記、(オ)標準を使うに当たり守るべき必要事項、(カ)試験や検査方法、(キ)制定あるいは改定年月日。

ISO/IECのこのような形式を、多くの組織は採用しない。標準の目的である、文書どおり作業を行なうのと同じ結果が得られるやり方は、ISO/IECの方式以外に、多くあるためである。しかし標準の見直しによる維持管理については、ISO/IECは、決まったルールで行なうことが義務づけられているが、そのやり方は、標準機関でまちまちである。

標準組織の鳥瞰図を得るためには、さらに重要な要素がある。ISO/IECのように1カ国1代表制か、あるいはコンソシアムや米国の標準機関のように個々の企業あるいは個人が参加する国を超えた会員制度かということである。

標準機関の鳥瞰図

標準機関を鳥瞰した図を得るために、一つの軸に、①のプロセスの適切さと透明さ、もう一つの軸に組織のメンバーシップをとり図をつくると、図4-2のようになる。

(1) メンバーシップ

図4-2のメンバーシップは横軸で表し、1カ国1代表(international)か、個々の企業、あるいは個

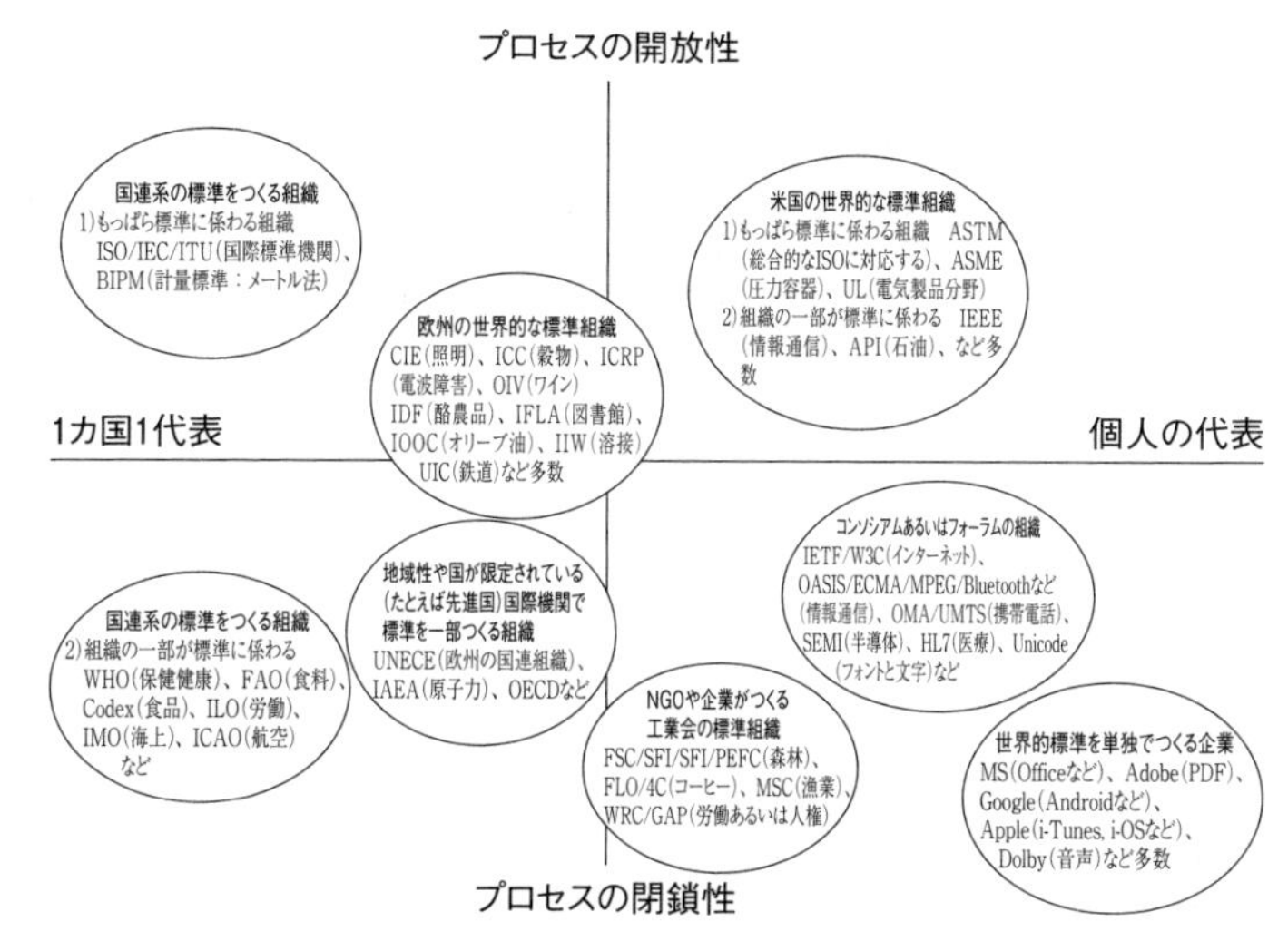

図4-2　標準をつくる組織の鳥瞰図

人が参加する超国家（transnational）で区別している。ともに作成過程の透明度の高い組織である、ISO／IECと米国の標準機関は、この点が大きく分かれる。一方第4象限にある、コンソシアムなどは超国家的で、個が代表している。この第4象限の標準は、相互に競争関係にあり、経済的な取引を行なう市場で、競争にさらされ生き残ることができなければ、消えていくこととなる（他の象限の標準も競争があり、淘汰されていくが、市場競争からは遠く、決着のための時間が長い）。

一方、第3象限にある国際機関は、当然のことながらそれぞれの国の代表からなるもので、国連の系列のものや、先進国の集まりであるOECD、地域性（UNECEなど）、原子力など特定の分野で業務の一部として標準をつくっている組織である。

（2） 標準作成のプロセス

図４－２の上部にある、もっぱら米国の標準をつくる組織は、議事の進め方に関して成文化された指針があり、この過程はＩＳＯ／ＩＥＣに比して、簡略化されてはいるが同じ考え方である（とくに米国の組織は、効率を考え実質的な方法をとっている）。欧州の業務の一部として標準をつくる組織は、ＣＩＥ（国際照明委員会）のように、標準づくりの過程がＩＳＯとよく似たものもあるが、米国の組織に比べると、私の主観ではあるが、不明なものもあると思われる（残念ながらアジアの中に、世界的な標準をつくる組織はない）。

一方、図４－２の下段に属するものは、ウェブサイトで調べても、標準づくりの過程に係わる成文化された指針は見つけにくい。国連の系列に属する組織やＯＥＣＤなどの先進国で、標準を業務の一部とする組織は、専門家の間だけで結論を得るか、あるいは必要な段階で公的に意見を外部から求める手続きを経て、結論を出していると思われる。

第４象限に当たる、下段のコンソシアム組織、企業および企業の工業会、ＮＧＯは、作成過程が相対的に閉鎖的である。

（3） 鳥瞰図の変化

図４－２の鳥瞰図は現在の姿であるが、時間を遡って１９８０年以前の鳥瞰図はどうだったかを、主要な点について時計回りと逆に見てみよう。

第4象限の部分の、民間企業やコンソシアム、またNGOの標準作成組織は、1980年代に規制緩和をはじめとする国際化が起る以前は、ほとんど存在しなかった。現在は、第1章と第3章で見たように、企業のビジネス戦略としての標準や、NGOや企業集団がスキーム・オーナーとして用いる国際標準は、新しい第4象限に属するものである。

第3象限に属する国連関連の組織の標準に係わる活動も大きく変わった。安全確保や環境保全を含む持続的発展や、人権に係わるものは、国連や各国の代表からなる国際機関で、公共的な観点から、強制法規に使われる規定類やコード類がつくられていた。しかし、第3章で見たように、国際機関では、関係国、NGOなどの合意を得るのに、あまりにも時間がかかりはじめ、環境保護や、森林、漁業の資源保全など特定の目的を達成するため標準を次々とつくり、その実施の手段として適合マークを使う、多くのスキーム・オーナーが現れた。彼らの活動は、国連関連の活動の補完を始めただけでなく、政府が代表する委員会に、NGOや企業がリエゾンをつくり、意見を述べるようになった。このようにして、本来、国家の業務と考えられてきた分野に、大きなインパクトを与えるようになった。

第2象限に属する国際標準機関ISO/IECも大きく変化した。ISOの標準の数を見ると、1977年段階では3400しかないが、現在は、2万以上になっている。

いくつかの要因が、ISO/IECの成長に貢献した。

第1の要因は、EUの貢献である。第2章で述べたように、EUは規制の体系にISO/IECの国際標準を使ったため、拡大するEUの市場での事業はISO/IECの標準が不可欠になった。またこの過程で、ＩＳＯ９０００の組織の管理の標準をＥＵの規制の基礎としたため、世界的にＩＳＯの名前が有名になり、求心力が働き、他の分野の標準づくりに有利に働いた。

第二は、国際標準の国の政策としての重要性が増したことである。多くの国は、ＩＳＯ／ＩＥＣのメンバーである国家標準機関を利用することにより、国の標準政策の実施ができた。とくに、発展途上国は、政府の一部分がその組織であったため、参加が容易であった。

第１象限に属する主として米国の標準機関は、第二次世界大戦後、世界経済の発展に寄与した、鉄鋼、石油、建設、電気分野などの多くの重要な国際標準を提供し、現在でも多くの分野で国際標準に貢献している点は変わらないが、ＩＳＯ／ＩＥＣのような国を代表する標準機関の繁栄や情報通信分野の第４象限の標準づくりの拡大から、相対的な位置づけが変化した。

また鳥瞰図の原点近くに、主として欧州の国々を代表とする標準機関が多く存在する。標準機関の性格として国を代表するメンバーであり、作成過程の透明度からすると、原点あたりに位置づけられ、１９８０年代の後半以降、ＥＵの拡大とともに標準づくりも活発になったが、とくにＩＳＯ／ＩＥＣとの連携が近年目立つようになった。

次に第１章から第３章まで見てきた、国際標準の経済社会への浸透が、どのように鳥瞰図に影響を与えてきたか、とくに第１章で見た情報通信分野での国際標準が国際標準機関ＩＳＯ／ＩＥＣにどのような影響を与え、その標準制度をいかに変容させてきたかを見てみよう。

デファクト標準の隆盛とISO／IECの標準制度へのインパクト

ＩＳＯ／ＩＥＣは、国連の系列として、公共性をもった世界の経済社会の諸活動の基盤となる国際標準を作成する、近代的な国際標準づくりの専門機関として生まれたが、次に見るように大きく性格を変えていく。

(1) 伝統的な標準づくり

第二次世界大戦後に、合意による標準を作成する専門機関として、国際標準機関であるＩＳＯ／ＩＥＣを頂点とし、各国の国家標準機関はそのメンバーとなる、階層的な体系が確立された。ＩＳＯを例にとると、１９４７年に設立されて以降、国際標準は主として、単位、図表などの基本的な標準、さらに戦前から引き継いだボルト、ナットなどの古典的な経済社会の基礎となる標準に限られた。欧州の組織が主として積極的に参加をし、１９７０年には１６００の標準をつくる組織ができた。またメートル単位系への転換や、世界の物流の鍵となるコンテナの標準など、世界の貿易の基礎をつくり、多くの人が納得する基盤的な標準作成で成果をあげた。また世界経済の拡大に伴い、石油、プラスチック、化学工学、データ処理、原子力など、米国の国際的な標準機関や、コダック、ＩＢＭ、エクソンモービルなど巨大国際企業の協力を得て、標準の数を増やしていった。標準を作成する委員会では、図４－１の過程を経て、段階ごとに議論を重ね意見を求めた。各国それぞれ、国連方式に基づき1カ国が一つの投票権をもち、合意による標準がつくられた。このプロセスは、時間を要し、一つの標準をつくるのに3年から5年かかった。また、できあがった国際標準をそれぞれの国で販売し、その収入から、ISO／IECの事務局費用や個別の旅費などを負担する仕組みができていた。

(2) インターネットの出現——ISOとIETF

ISOとIECは1977年に、ネットワークに関するオープン・システム (OSI: Open Systems Interconnection) の標準化の作業を開始した (この頃には、コンソシアムは存在しなかった)。米国国防省が、1968年に異機種からなる研究機関間のネットワークの相互運用を提唱して以来、IBMをはじめ多くの企業が、独自のネットワークのアーキテクチャーを発表し、ユーザーには相互運用に大きなコストがかかることが懸念された。OSIでは、論理的な基本モデルをつくり、ISO／IECは各国政府のサポートを得て、標準化を進めた。だが、前節にある、標準づくりの手続きに沿わなければいけないため時間がかかった。

「公正さと合意」に基づくOSI標準を実際に使い、有効であることを示すため、日米欧の政府を中心に、できあがったOSI標準を用いた政府調達の仕様書の開発や、企業を混じえた性能テストを行なった。しかしこのような標準づくりは、1990年代に入り、インターネットの普及につれ、技術の変化のスピードについていけず、OSI標準はユーザーから見放されることとなった。事実、米国政府では方針を変え、ネットワークの調達は、市場で実績があるものであれば可とし、OSIの政府調達の義

表4-2　標準づくりの思想の差（例）

ISO/IEC	IETF
先に仕様を決める	先に実装を考える
仕様は変わらないもの	仕様は変えるもの
サービスの質	接続を優先
決まった手続きによる投票	ラフな手続きと合意
構造を決める	構造は最小限

出典：M. C. Libicki, *Land*, 2000

務づけを中止し、民間の標準あるいはＯＳＩいずれでもよいとした。

一方、インターネットの発展は目覚しく、ＩＳＯ／ＩＥＣと同じく標準化を行なうＩＥＴＦ（Internet Engineering Task Force, １９８６年設立）やＷ３Ｃ（World Wide Web Consortium, １９９４年設立）のデファクト標準をつくるコンソシアムが、ＩＳＯ／ＩＥＣに10年以上遅れてできあがった。その特徴は、次のようなものである。

（１）標準化の活動を行なう組織であるＩＥＴＦのメンバーは、組織の代表でなく個人であり、誰でも参加できる。

（２）標準は、実装とテストが2カ所以上ですんでいること。

（３）活動は、メーリングリストで公開されている、など。

ＩＳＯ／ＩＥＣの活動に比べると、ユーザーが個人として参加していること、実際に相互運用して使えることが証明されており、標準は無料で手に入ることなどが大きく異なる。ただ、合意に至る成文化された手続きはなく、１９９０年後半までは、創業者の専門家が最終的な決定を下した。(3) 両者の標準づくりの考え方は、単に時間の問題だけでなく、表４－２に整理されているように、現代の経済社会をどのように考えるかを示唆する点を含んでいる。(4)

(3) 変貌を遂げるISO/IECの標準組織

IETFによる標準づくりは一つの例にすぎないが、情報通信事業の民営化や規制緩和は、多くの企業の参入を許し、1980年前後から、ISO/IECとは標準作成方法が異なる、企業の集まりであるコンソシアムなどが急速に増えはじめた。彼らは市場のニーズに基づく、いわゆるデファクトの国際標準を素早くつくりはじめた。さらにこれらの標準は、自らの事業に結びつく、多くの関係者に利用を図る標準であるため、無料で配布された。市場のニーズに基づくデファクト標準は、ISO/IECの標準作成プロセスを大きく変えることになった。[5] 図4-1の右側にあるように、作成時間を短くするため、合意の過程を短くしたり、自らの標準づくりの途中段階のものを、図にあるような各種の暫定的な標準としたり、外部の組織がもつ標準やその案を自らの標準作成過程に取り入れるなどの工夫がなされた。また、市場のニーズをできるだけ取り入れるため、セミナーの開催やウェブサイトで情報を公開することで、企業との接点を増やしていった。[6]

(4) デジュール標準とデファクト標準

今までデファクト標準を市場の競争により決める標準、一方、公的標準であるデジュール標準を、たんに公的な性格をもつ標準として、ラフに使用してきた。ここで再度両者を、少し厳密に定義しなおすと以下のようなことになる。

デファクト標準：マイクロソフトのOfficeの標準や、ＩＥＴＦのインターネットの標準のように、企業間の市場における競争の結果、高い市場シェアを獲得し、標準たる地位を獲得したものであり、いわば企業間の実力勝負の結果として成立したもので、標準の策定は原則非公開である。

デジュール標準：ＪＩＳやＡＳＴＭ、ＩＳＯ／ＩＥＣ標準のように公的標準機関において作成される標準であり、明確に定められた手続きに基づき広範な関係者の参加を得て策定されたものである。

参加する企業が増えるにつれ競争の激しさは増し、企業は、できるだけ早く商品の標準を決め、早く市場に出し、ネットワーク経済を利用して、他の企業に比して、市場での優位な地位を獲得したいと考える。しかし、使う立場から考えると、複数の標準に基づいた複数の商品が市場で競争し、一方を選択すると、そのネットワークに取り込まれてしまい、他の商品に移れないなどの不便が生じる。標準の技術情報が公開されていないため、対立する標準をもつ商品と比較することができない。さらに使っている商品も、標準が改良されると新しい世代となり、その間の互換性がなくなり不便が生じる。時間のことさえ考えなければ、ＩＳＯ／ＩＥＣの標準づくりは、使う立場から考えると、オープンで誰でも使える多くの利点があるが、商品を市場に出すために利用しようとすると、時間がかかるほか、一般的な内容が多いため、使うのが難しいことがある。デジュールとデファクト標準はそれぞれ長所もあるが短所もある。

第１章で見たように、特許と組み合わせることで、企業の標準戦略は多様性を増すが、同時に経済社会全体から見れば、市場独占のような複雑な問題が生じる。特許と標準の係わりは、標準をつくる前の特許の宣言と、特許を譲許するルール（ＲＡＮＤルール：第1章、31頁参照）があるが、このルールだけでは、問題の解決ができない。

デファクトとデジュールの比較から生じる問題、さらに特許との関連で生じる問題を解決する一つの方向として「オープン・スタンダード」の考え方がある。

Linuxの発行する標準、無償のＯＳがよく引用されるが、たんに特許がフリーだからというより、これまでの議論の流れから、次の点が重要である。

①　手続きが適切で透明である。

②　特許に関してＲＡＮＤないし無償。

③　利用者やその他の関係者の要求を十分取り入れる。

④　誰でも利用できる（有料、場合により無料）。

⑤　標準の維持管理が、十分なされる。

標準をつくるには費用がかかるため、再生産できるよう標準の有料化が原則必要であるし、技術開発のインセンティブを失わないようにするためにも、特許の経済的価値を維持する必要がある。将来の標準機関、とくに国際的な標準機関のあり方は、図4-2の分類のような、国代表か個人であるかは関係なく、スピード感覚をもち、使う側の立場を考えた、前記のようなオープン・スタンダードを目指すべきだろう。

（5）変貌を遂げたISO／IEC

情報通信分野でのデファクト標準の隆盛は目を見はるものがあるが、ISO／IECのような公的な標準機関は、以上見てきたように、自ら大きく性格を変えながら現在に至っている。

情報通信分野についての、国際標準の供給元に関する興味ある分析がある。

アリゾナ大学のブラッド・ブリデルらは、パソコンにどのような相互運用を図るための標準が使われているかを詳細に分析し、251の標準が使われるとしている。そのうち44％はIETFなどのコンソシアム、20％が企業、残りの36％がISO／IECやIEEEのようなデジュールの標準機関の標準であるとしている(7)。

また公的組織であるEUが、調達などその活動に使っている情報通信関係の標準は、その60％がデファクト標準であるとしており、パソコンの比率に近い。すなわちデファクト標準が不可欠なことを示しているが、同時に多くのデジュール標準が使われていることがわかる(8)。情報通信分野でのデファクト標準からの遅れはあったにしろ、米国のIEEEのような情報通信関連の標準機関と並び、ISO／IECでは情報に関するソフトの標準をつくる組織をつくり、セキュリティや画像処理、データー・ベースなど、基盤となる標準を多くつくることが可能となり、デジュールとデファクトは相補完して、情報通信分野を支えている。

以上のように、第二次世界大戦後できあがった専門的な公的標準作成機関は、科学技術に基づく知識を、公正な手続きを経て、長い時間をかけ、経済社会の基礎となる国際標準をつくるという本来の趣旨から、情報通信部門の影響により、大きく性格を変えた。公的な標準機関同士がデファクト標準と相補完しながら共存し、またＥＵの政治の制度と深く係わるなど政治的な性格を帯び、標準制度の深化と変容をきたしている。

注

（1）システムインフラと標準との関係は次のものを参照。W. E. Steinmuller, "The Role of Technical Standards in Coordinating the Division of Labor in Complex System Industry," in A. P. Prencipe *et al.* (eds.), *The Business of System Integration*, Oxford University Press, 2005, pp. 133–151.

（2）M. Levinson, *The Box: How the Shipping Container Made the World Smaller and the World Economy Bigger*, Princeton University Press, 2006. 村井章子訳『コンテナ物語——世界を変えたのは、箱の発明だった』日経ＢＰ、２００７年。ＩＳＯの最近の動向は次を参照。M. Hennenmand, "Container: Talk a Revolution," *ISO Focus*, 2012, 21–22, April. 日本では、伝統的に流通過程が複雑で、国際標準の体系で、必ずしも流通システムが整備されていない。改善の試みについて多くの例が検討されている。次を参照。加納尚美『物流・パレット——企業経営を進化させる』流通研究社、２０１６年。

（3）ＩＥＴＦの問題：合意に至る成文化された手続きはなく、１９９０年後半までは、創業者の専門家が最終的な決定を下したが、インターネットの参加者が増え、当初のアナーキーなルール（「我々は、王、大統領、投票を拒否する」また「我々は、ラフな合意と今、動いているコードを信じている」）が次第に問題になっているとの指摘もある。T. Simco, "Delay and De jure Standardization: Exploring the Slowdown in the Internet Standards Development," in S. Greenstein *et al.*, *Standards and Public Policy*, Cambridge University Press, 2007, pp. 260–295.

（４）標準づくりの考え方を指摘。M. C. Libicki, “Scaffolding the New Web: Standards and Standards Policy for the Digital Economy,” *RAND*, 2000.

（５）ＩＳＯ／ＩＥＣの仕組みに早くから警鐘を発す。C. F. Cargill, *Open Systems Standardization: A Business Approach*, Prentice Hall PTR, 1996.

（６）田中正躬「デファクト標準とＩＳＯ／ＩＥＣ」『標準化ジャーナル』29巻、１９９９年、日本規格協会、９－13頁。

（７）ラップトップパソコンの２５１の標準のリストがある。B. Briddle *et al.*, “How Many Standards in a Laptop?,” Arizona State University Sandra Day O7Connor College Law, September, 2010.

（８）ＥＵの情報通信関係の政府調達に使用している標準の内容がある。T. M. Egyedi *et al.*, “Standards Consortia,” in F. Hesser *et al.*, *Standardization in Companies and Markets*, Helmut Schmidt University, 2010, pp. 443-490.

BOX4

標準の経済学――情報とネットワークの経済

経済効果を二つの視点から見てみよう。

一番目の視点　規模の経済と情報の非対称

標準の効果は、市場の規模を大きくし、規模の経済があるとする考え方や標準の情報提供の側面に注目し、市場の不完全さを補正する考え方がある。

（1）標準と規模の経済

標準は多様性を調整して単純化を図ることを一つの狙いにしているが、単純化することにより、同じものが、同じやり方で大量につくられるため、規模の経済（多くつくり、販売すれば、共通の固定的な費用が単位当たり減り、コストが減少）が働きやすくなる。

また標準は、多くの人が同じように使い、同じ結果を期待できる文書であるため、標準として文書化された技術の普及を促進する役目があり、市場が拡大していき、需要の側からも規模の経済を働きやすくする。

（2）情報の非対称と標準

よくわからない商品の内容を調べる、あるいは組織の中で人々との意思疎通を図るため、通常、時間や多くの費用がかかる。表示制度や組織の管理マニュアルに標準をうまく使えば、これらの費用、すなわち「取引コスト」（情報を探したり、伝達したり、自ら加工したりするコスト）を減らすことができる。また関係する人の情報の非対称性を解消して、市場取引をサポートする。

二番目の視点　外部経済とネットワーク効果

標準は、相互に運用することで協調し、技術的な内容に制限を加えることで、経済の個の主体を超え、相互に影響を与える。すなわち経済学の言葉でいうと、外部経済を生じることとなる。またこの外部経済は、使う側から見れば、相互の接続が可能なため、数が多くなればなるほど、ネットワークが大きくなり、より大きな外部経済、ネットワーク経済が働く。さらにこの効果は、標準がそのままネットワークの中に固定され、技術の変化にマイナスの影響を与える。

（1）標準の外部経済

外部経済とは、ある経済主体が他の経済主体に、経済的な影響を及ぼすことをいう。標準の中身である互換性や技術仕様の情報は、人々の技術の共通のストックとなり、相互運用を確保する商品やサービスを提供できる。一方環境問題のように、市場の取引に任せておくと、企業はコストを安くするため、汚染物質の対策をせず、マイナスの影響を与えるかもしれない。このため標準は環境保全のための技術内容の文書をつくり、マイナスの効果をなくす。

（2）標準のネットワーク経済

電話を使う人は、多くの人が使えば使うほど、相互に連絡が容易にできるようになり、たんに、関係する人の数だけでなく、相互のつながりの数、ネットワークの大きさの便益を受ける。互換性のある商品を、より多く使うことにより、その商品の価値がさらに高まるときに、ネットワーク経済が生じたという。これらのネットワークは、参加者が増えれば増えるほどますますサービスの供給コストが減り、さらにそのネットワークを補完し強化する応用ソフトやサービスが供給されると、そのネットワークの利便性はますます強化される。

この問題は１９８０年代から９０年代にかけ、ＩＴ関連の技術の融合、ディジタル技術の浸透、通信事業の民営化やサプライ・チェーンの管理など、経済社会構造の大きな変化により、大きなテーマとなり、多くの研究がなされた。さらに知財との組み合わせによる影響などが研究された。いくつか注目される主張は次の諸点である。

①　ネットワーク経済が強く働くと、ユーザーは、その技術（標準）の体系に取り込まれ（lock-in）、ほかの標準の体系に移るコスト（switching cost）が高くなり、ネットワークはますます強化され、市場を支配できる。

②　多くの人が使いはじめると、自分も使ってみようと、勝ち馬に乗りはじめるバンドワゴン（band wagon）効果がある。

③　技術が市場に普及するのは、学習曲線のように、始めはゆっくり、やがて急速に、最終はなだらかになるが、普及は連続せず、市場の15％当たりに深い裂け目、キャズム（chasm）があるとする。そのため、標準戦略としてこの壁を超え、最初の勝利者になり市場を支配する（winner takes all）よう努める。

④　ネットワークに取り込まれたユーザーは、アプリケーションソフトやサービスなど補完的な商品を抱き合わせで販売されると、購入せざるを得ない。そのため、ネットワークの基になる商品を安くし、補完的商品を抱き合わせで販売する（このやり方は、独占禁止法との兼ね合いで決まる）。

⑤　標準を経営戦略として利用しようとする企業は、いくつかの選択が生じる。

（ア）ネットワーク経済をできるだけ自らの標準を用いてつくり、互換性のない他社の製品を市場から排除し、市場を支配できる。

（イ）自信がない企業は、他の企業と連携して、市場に出す標準を決め、自らもその一員となる。

第5章　国際標準を使う——適合性評価の仕組み

時代は18世紀に遡るが、当時、地球の経度を正確に測定することは、国家的な重要事項であった。そのためには正確な時計をつくる必要があり、英国政府は、一日に2秒以内の誤差で動く時計を製作した者に、現在の金額にして20億円もの賞金を出すことにした。当時は一日につき分単位の誤差がある時計しかつくれなかったが、英国のジョン・ハリソンはみごと、時計を完成し、後に賞金をもらうことになった。その時計は、今でもグリニッチ天文台に展示されている(1)。

彼は、製作した時計が、1秒以内の誤差で動くことをどのようにして証明し、関係者に信頼してもらったのであろうか？　BBCの放送で「経度への挑戦」という番組を見たことがあり、疑問が解決した。ハリソンは時計職人としても優れていたが、星の運行に係わる天文学の知識をもっており、毎夜窓から見える星が隣の家の煙突にさしかかる時間を観測し、1秒の単位まで正確な地球の時間を測定できたのである。すなわち天体時計を、校正に用いたわけである。今では多くの人が行なう、標準器（この場合は、天体時計）と自ら作成した時計を比べ、信用を勝ち取ったのだ。

前の章では、太郎が、日常的に過ごす短い時間にも、彼の生活空間の中には、多くの国際標準が活躍していることを見た。また、彼がパソコンを用いるときに、多くの標準が関係することを述べた。よく考えてみると、パソコンの部品は、購入するとき、どのように信頼性があるとされ、パソコンに用いられたのか？　また組み立てたパソコンが、期待どおり動くことはどのように保証されるのか？　など考えはじめると多くの疑問がわく。

これらの疑問は、実際、パソコンを操作し、用紙に写真を印刷し、マウスに乾電池を装着すると期待どおりにことが進むことで疑問が薄らぐが、製作する企業は、ハリスン以上に、多くの比較作業や相互に運用できる機能の評価を行なったにちがいない。通常パソコンを販売する企業のブランドや、製品に付いているロゴ、適合マーク、表示、説明書を見ると、すべて、企業がきちんと必要なことを実施していると思い、疑問の追及は行なわない。

この章では、最初に太郎の日常生活の一コマを、適合性評価の観点からもう一度考え、その背後にある考え方を分析する。すでに第3章で紹介した適合マークも含め、適合性評価全般について、信頼性を保証することの意義、また評価の体系を、その種類を含め鳥瞰し、多くの関係者に使われるようになったＩＳＯ／ＩＥＣの道具箱の紹介、さらに適合性評価の概念を世界的に広めることになったＩＳＯ９０００の意義と課題について述べる。

要求される技術的な内容（標準）を実現するため、定められた試験方法を用い、定められた手順にしたがって機能の評価を行なわないと、期待される結果が得られず購入者に不信を招く。

期待する結果を得るため、標準に文書として要求されている内容を、そのとおり実施してみる（実証）ことを、適合性評価という。前記の疑問は、この適合性評価を行なう種々の方法への疑問であり、企業が製品を製造し、出荷するときは、適切にこの評価が行なわれている。すなわち、文書である標準と実証する行為の適合性評価は、標準と車の両輪である。

太郎の1時間と適合性評価

先の第3章では、身の回りに適合マークが氾濫するようになったのはなぜかについて見てきた。適合マークは、適合性評価の結果を示すための重要な一つの方法で、その行為が行なわれていること（実証）を人々に知らせるための仕組みである。

パソコンに必要な本体のハード部分や、インターネットやファイルに係わるソフトの部分について十分な適合性評価が行なわれていることは、実際にパソコンを動かしてみるとすぐわかるし、企業のブランドを見て信頼できる。しかしマウスの裏に付いているCEマークやスーパーの出口にあったISO9000取得の表示が何を意味するかは、標準の知識がないとわからない。

CEマークは、EU市場で取引できる商品であることを表示している。EUの電気器具の安全に係わる規制に従い、欧州の標準機関の標準の中から、企業が適切な標準を選び、その標準の適合性評価を行ない、企業が自ら適合していることを表しているマークである。

フェア・トレイドの適合マークは、スーパーで買った豆の販売をする企業の活動が、その標準（人道的な観点を入れた持続的発展の基準）の内容に合っているかどうかの評価を行ない、適合していることを示したマークである。

そして、ＩＳＯ９０００の取得の表示は、このスーパーの組織の管理の仕組みが、ＩＳＯ９０００の標準に定められている要求事項に合っていることを、第三者の適合性評価を行なう組織に審査をしてもらい、適合することを示したものである。

また太郎は、第4章で述べたように、高速鉄道システムを海外で建設することを担当しているシステム管理者で、多くの業務が関連し、時間の管理を必要とする。そのためプロジェクトマネジメント（ＰＭ）の能力が不可欠である。

海外の高速鉄道の建設と運行には、多くの専門家やマネジャー、さらに建設現場で働く労働者の確保が不可欠であるが、通常、異なった教育システムと技能の形成を経てきた多くの国籍の人からなる。技能や能力の適格性を判断することは、それぞれの国で多くの資格試験や認定制度があり、その国の経済発展の歴史を反映しており、複雑である。全体のプロジェクトをスムーズに進めるためには、重要ポストに、国際的に標準化され、統一された資格認定制度に基づく資格をもった人々を配置し、意思疎通をスムーズに図ることが重要である。太郎も、当然のことながら、過去のいくつかの経験から、彼の能力を米国のＰＭ組織の資格に係わる標準に適合するかどうかの審査を受け、資格を得たもので、彼の家にはＰＭ組織から発行された証明書がある。

以上のように、標準づくり（文書化）と標準を用いる適合性評価は、車の両輪であり、企業自らが標準を利用したときに行なうもの、フェア・トレイドのようにそのスキームをもっている組織が直接審査を行なうもの、さらに、ＩＳＯ９０００の審査登録のように独立した第三者が行なうものなど、多くの種類がある。また、商品やサービスだけでなく、太郎のＰＭ資格のように人の能力の評価（資格）もある。

信頼性の確保

国際化時代になり、多くの部品や商品が輸入されるようになると、安全が確保されているか、環境上問題はないか、さらにそれらを利用して事業活動を行なう企業では、期待する品質が確保されているかなど、信頼に係わる事柄が重要になる。また、現代のように多くの企業が、それぞれ競合する差別化された商品を製造したり、商品の部品を下請けや契約により第三者から購入したりすると、同じように信頼性が重要になる。

適合性評価は、文書で決められた技術の内容が、実際に実現されているかどうかの事実の確認を行なう行為である。審査の後の登録、証明書の発行、人の資格を与えることなどにより、客観性を確保することで信頼性を保証できる。信頼性を保証する行為は長い歴史があり、長い経験をもつ専門家が大きな役目を果たしてきた。商品の品定めや、貴重品の価値の確定や真偽の鑑定など、現在でも多くの例が見られる。しかし標準化された大量生産の時代になり、信頼性の意味は大きく変わった。

1世紀前、フォード自動車は、米国のリバールージュで、10万人の従業員を抱え、材料の窓ガラスや鉄の薄板をその場でつくり、必要な部品を市場からスポットで買い、必要な在庫（just-in-case）を多くもち、自動車の組み立てを行なっていた。

このような大量生産方式は、それまで一個一個の製品や部品を検査していたものから、試作品による型式を検査し、製造するプロセスを管理すること、さらに最終製品も確率的なロット検査をすることへと変化を遂げた。

さらに、輸送と通信技術が進歩し、現在、多くの企業は海外を含めて、事業の展開を行ない、部品の製造やその供給、組み立て、さらに全体の管理を、長い鎖のつながりを管理するように、サプライ・チェーン管理の手法（在庫管理の just-in-time のやり方など）を用いて行なっている。フォードの工場に比し、より多様化し複雑になったため、全体の仕組みが、さらにうまく動くことが不可欠である。

現代の高度化した市場経済は、それぞれが専門的に分業され、最終的に、整合的に統合されていくため、それぞれの部分が、信頼性に基づき、部品の供給や組み立て、また関連する人々の活動が行なわれる必要がある。適合性評価は、この信頼性の保証を行なうことに、ひと役買っているわけである（標準を用いる適合性評価以外にも、技術のレベルや、取引の長さなど多くの信頼性を保証する手段がある）。

信頼性はどのように得られるのだろうか？

一緒に長い間暮らしている家族の間では、信頼性ができあがっている。40年以上も一緒に暮らしている私の妻とは、会話、何かをするときの癖、顔つきなどから、何が起るか予測できるし、頻繁な対話による信頼性があるため、問題は起りそうにない。距離の近さともいえる「対話による信頼性」が得られることと、企業や個人が市場でものを購入するときの信頼性は異なる。後者の信頼性は、顔の見えない市場経済の中での「予測可能性」に係わるものである(2)。

以下、安全と安心を例にとり、この信頼性の問題を考えてみる。

市場に安全なものが供給されるためには、製造する企業が、安全を確保できる技術的な内容を文書化した標準や、その中身をもつ強制法規を守ることが最小限必要である。

しかし、多くの企業が標準どおり実施した商品を市場に提供しても、一企業が遵守しなかった場合や、異なる技術内容の標準を用いた場合は、一貫性がなくなり、商品を購入する側からの信頼が得られない。統一した考え方に基づく標準を用い、統一された適合性評価のやり方で一貫性をもたさないと、なかなか信頼性を得ることは難しい。また少数の商品が問題を起すと、全体の信頼性がなくなる。

強制法規は、この点に関して国が一貫性をもたせる強制力をもっている。しかし安全に係わる多くは、民間企業が自主的に安全の確保を行なうことから、この一貫性、すなわち統一した標準とその適合性評価のやり方が何より重要である。安全を実現し、安心してもらうためには、いろいろなやり方があり、決められた特定の技術仕様を定めた標準だけでなく、事後的に達成される効果が同じになる性能標準を定めることもできる。また、次に述べるが、適合性評価については、一貫した考え方のもとで、全体の体系をもっているISO／IECの適合性評価の道具類が役に立つ。

得られる信頼性は、誰もが理解でき、信用できるのが望ましいが、「対話による信頼性」は、常日頃の密接な広報活動や市場の監視とその結果の発表、さらに質疑への真摯な応答により補完しなければ実現は難しい。

多くの標準と適合性評価の信頼性は、顔の見えない「予測可能性」による信頼の付加にならざるを得ない。すなわち、標準に従い、その要求されている実施を行なっているので、安全の問題が起ることはないであろうと予測することができる。安全に係わる標準は、技術内容を機器類の性能に焦点を当てることが多く、使用するときの操作性（使い方に関しての多くの取扱説明書があるが、すべてをカバーできない）は対象にされていないことも問題の一つである。また適合性評価も、一般的な手続きで行なうため、特定の商品の特定のケースについては問題が起ることがあり、苦情や嘆願のルールと組み合わされなければならない。

英国で、次のようなケースを聞いた。庭の手入れや日曜大工などで死亡する場合を含めて梯子の事故が多くあった。しかし梯子の製品としての性能や評価の問題は少なく、大部分は設置方法や、目的に照らして望ましくない使用方法による操作方法の誤りから生じた。これらの梯子の事故は、梯子の安全性に問題があるのではないため、使用方法が適切であることを優先し、説明書を配布することにより、梯子の使用に信頼性を付与したということである。

適合性評価の実施者

企業（第一者）は、商品を製造し、消費者や購入者（第二者）に販売するが、この企業と購入者と独立した判定者（第三者）の関係で適合性評価の整理がなされる。しかし、国が規制を行なったり、物品の調達を行なうときは、国（第一者）と対象となる規制される企業や人（第二者）との関係になり、事情が異なる。

誰が、誰に対して評価を行なうのかを図5－1に基づいて見てみよう。

(1) 第一者の評価

企業は、自ら意図する技術内容に合うように商品を製造し、検査を行ない、市場に提供する。このほとんどの過程は企業自らによって行なわれ、自己責任で商品を提供している。このように、当事者が自ら評価することを第一者の適合性評価活動という。通常の企業活動として行なわれており、経済社会の大部分の活動はこの第一者の評価によっている。しかし内容は多岐にわたり、校正は適切に行なわれたか、パソコンの部品の検査や、商品が最終的にうまく動くか、またつくられた乾電池の性能が標準どお

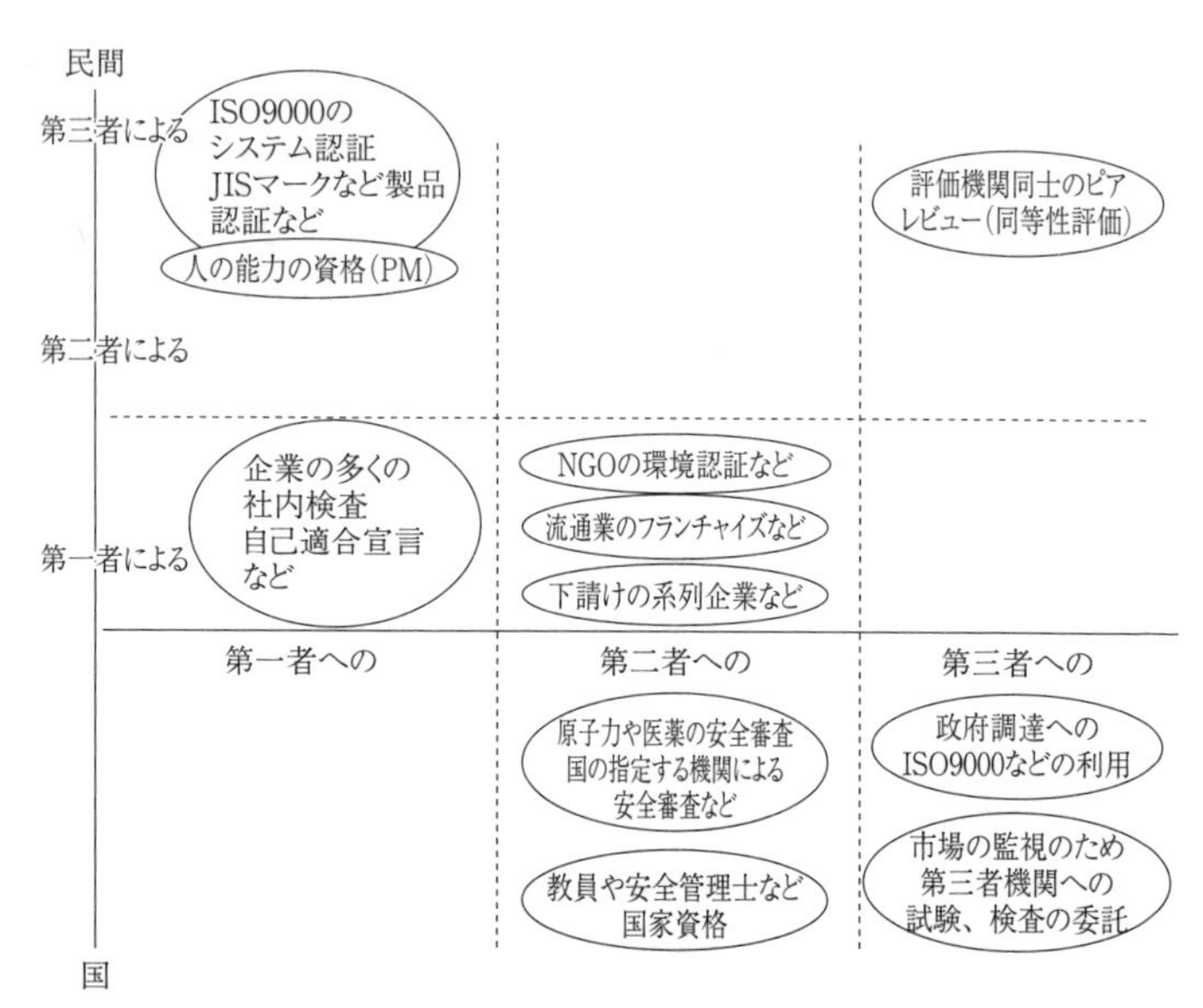

図5-1　適合性評価活動の種類（例）

りになっているかなど、多くの評価を社内で行ない、自らのブランド名で、信頼性のある高性能の商品であることを、市場に宣言する。

また企業の自己適合宣言に基づくＣＥマークは、大きな枠組みではＥＵの規制の体系の中に位置づけられるが、通常は第一者の自己の適合性評価に整理されている。

（2）第二者の評価

次に第二者への評価としては、提供できる資格のある系列企業からのみ部品の提供を受ける自動車企業の例や、マクドナルドのようなフランチャイズ制度に基づき、標準化された同じ商品やサービスを、同じ仕組みで提供できる、企業本体のルールに則るような評価の例があげられる。またコーヒーのフェア・トレイドのようにＮＧＯがつくりあげているシステムに適合している企業が、その適合マークを付して販売するのもこの例であろう。多くの持続的発展に係わる森林の保全などの仕組みを、ＮＧＯが直接企業を審査するのもこの例である。

これらのＮＧＯの仕組みは、持続的発展のための特定のテーマについて、同一の要求事項を実現するため、特定の規則や手順を設け、ＮＧＯの組織自身（スキーム・オーナー）が、この仕組みに合致する企業を審査し、適合マークを付すという適合性評価スキーム（体系）をもつため、国の安全関連の強制法規と性格が似ている。

また図５－１の中央下にある、国に係わる第二者評価だが、原子力の安全や医薬の安全は、つくられた基準に基づき国が企業に直接評価を行なっている。また位置づけが難しいが、安全関連の法規に関連して、国の指定する機関の評価を受けた製品のみを、市場に出せるようにしている例が多く見られる。また教員や安全管理士など国家資格に係わるものは、国家試験の合格、あるいは、国の指定する機関の評価など多岐にわたるが、国による第二者の人の能力の評価である。

（3）第三者の評価

第三者の評価は、商品を提供する組織と使用する組織の当事者から独立した第三者により評価が行なわれる形態で、近年急速に増加している。

図５－１の左上にある、主として企業を対象とするＩＳＯ９０００などの管理システム標準の審査、検査機関の企業の技術能力の評価、人の能力の評価などがある。また国家標準の利用の一つであるＪＩ

Sなどの適合性マークは、第三者による評価制度に依存し、言葉も通常「認証」という用語を使う。

右上に、第三者の評価機関同士が同じサンプルなどを相互に評価し、同等性を検討し、自らの能力をチェックし合う評価の種類を示しているが、ある意味でこの同等性の評価は、第三の相互評価である。

また図5－1の右下にある、国の第三者の評価の利用として、政府調達にISO9000の認証を受けた企業を資格要件として利用する例、また国が市場で、悪質な商品がないかどうかを調べるため、抜き取りの商品テストを行なうとき、第三者の試験機関に試験を依頼するなどの例があげられる。

(4) 認証機関の認定

最後に、第三者の独立した組織の評価は、どのようになされるのであろうか?

先に述べた図5－1にある、第三者機関同士の同等性の評価は、その一つの方法であるが、もう一つは、独立した機関として評価を行なう能力を、さらに上位の機関により証明する方法である。この上位の機関は、第三者機関が行なう認証事業に適する、人材や組織、施設など、力量があるかどうかを評価する。適合性評価の体系の一部分ではあるが、「認定」という行為(第三者の認証機関の評価)を行なうとされる。強制法規の分野では、図5－1の国の指定する機関は、国が「認定」の行為を行なっている。

以上のように適合性評価を誰が行なうかは多岐にわたり、個々の取引や事象ごとに多くのやり方がある。現在の経済社会の中で行なわれているのは、第一者の自己適合宣言が大部分である。第3章で述べた適合マークは第三者の評価が主流で、ＮＧＯが行なうように第二者の評価を経るものもある。

評価はどのように行なわれるか？

前節では誰が評価をするのかを見てきたが、次にどのように評価するのかを見てみよう。

先に見たように、大部分の企業活動は、自己責任に基づき、企業自身（第一者）が必要とする標準類の自己評価によっているが、安全や環境問題が関連する場合は、国の規制（標準）と企業内での評価が混じり、さらに独立した第三者機関へ適合性評価の業務を依頼するということが起る。

（1）国の規制との係わり

企業は、国の規制に従い、ある部分は国の直接の審査を受けるが、多くは、国が権限委任した指定機関により行なわれる。この場合、製造業者は国との係わりで、第二者となり、国や指定機関が定めた技術基準に適合する義務がある。また同時に、必要な場合は、製造する現場に安全管理をする国の資格試験をパスした技術者を配置する必要がある。

また、市場で取引されている商品が、技術基準（標準）に定められたものであるかどうかのテストは、国の義務である。市場の監視を適切に行なわないと、買い手である消費者（第二者）の信頼が得られない。市場での商品を買い上げ、必要あれば第三者機関に試験や検査を依頼し、適切な商品が販売されていることを確認する（結果を公表し、問題があれば改善を要請する）。

（2）企業の活動

安全面から国で定められた土俵の中で、企業は、自己の判断に基づき、企業の望む技術的な仕様（標準）の製品をつくるが、製品の設計からはじめ、型式に当たる試作品を製作し、多くの製造に係わる管理のマニュアルなど（標準）をつくり、製造を始める。またその際、ネジやボルトのような、汎用的ではあるが必要な部品は、ＪＩＳ製品になっているものを外部から購入して使用する。さらに企業として、対外的に自らの組織が、「モノづくり」に関して製品の品質だけでなく、製造に当たっての管理が問題なく行なわれていることを対外的に認めてもらうため、第三者認証機関にＩＳＯ９０００の認証を受けることもある。これは国の規制とは関係なく、企業の意思による顧客満足のための判断である。

一方、企業は、通常多くの製品をつくるため、たとえばＪＩＳの標準（多くの標準の中で、適合マークを付さない標準）が定められている製品を製造する場合は、その標準に合う製品がつくられていることを、自ら判断して、企業（第一者）としての、自己適合の宣言を行なう。その際、客観性をもたせるため、企業が使う部品や試料などの試験を外部の検査機関や試験機関に依頼して、その報告書を参考にすることもある。

以上のように、多くの標準（強制法規の技術基準や、企業やＪＩＳなどの任意標準）と適合性評価の組み合わせにより、安全に「モノづくり」が行なわれ、消費者に信頼してもらい、製品に満足してもらえるような活動が行なわれている[3]。

（3）一貫性の問題とISO／IECの道具箱

図5－1で示したように、信頼性を得るためには、標準に適合する評価を行なう関係者で一貫性があるやり方がなされなければならない。これら適合性評価のやり方は、それぞれが独自のやり方で行なっているが、ISO／IECでは長い歴史を経て、図5－2にある6分野を対象とし、共通した考えのもとに体系的な仕組みができあがっている[4]。この体系はISO／IECの適合性評価の道具箱（tool box）とも呼ばれ、日曜大工で使われる種々の道具と同じである。ISO／IECは長い時間をかけ、適合性評価のルールの整理と作成を行なってきた。とくにISOではCASCO（適合性評価委員会[5]）を1995年以降設け、他の関係機関と連携をとりながら、本問題に取り組んでいる。BOX5[6]にその概略がある。

従来、国や民間で個別にそれぞれの体系で行なっていたものを、横断的に整合性がとれるように整理し、いわば適合性評価の個々の要素を標準化し、互換性をもたせた相互の運用や両立性が確保できるようにした体系の中で、多くの道具に当たる部分は、ISO／IECの国際標準となっている（図5－2の中での番号はその国際標準の番号）。

WTOの前身であるGATTでスタンダード・コードが1980年に発効され、「適合性評価」の言葉が使われた。このことは、非関税障壁をなくするためには、標準と適合性評価が車の両輪であること

対象になるもの
1)ハード、ソフト、素材やサービスなどの製品、2)環境にやさしいつくり方でつくった製品のプロセス、3)品質や環境のような管理システム、4)要員の能力、5)試験所、検査機関や認証機関などの第三者の評価機関、6)認定機関

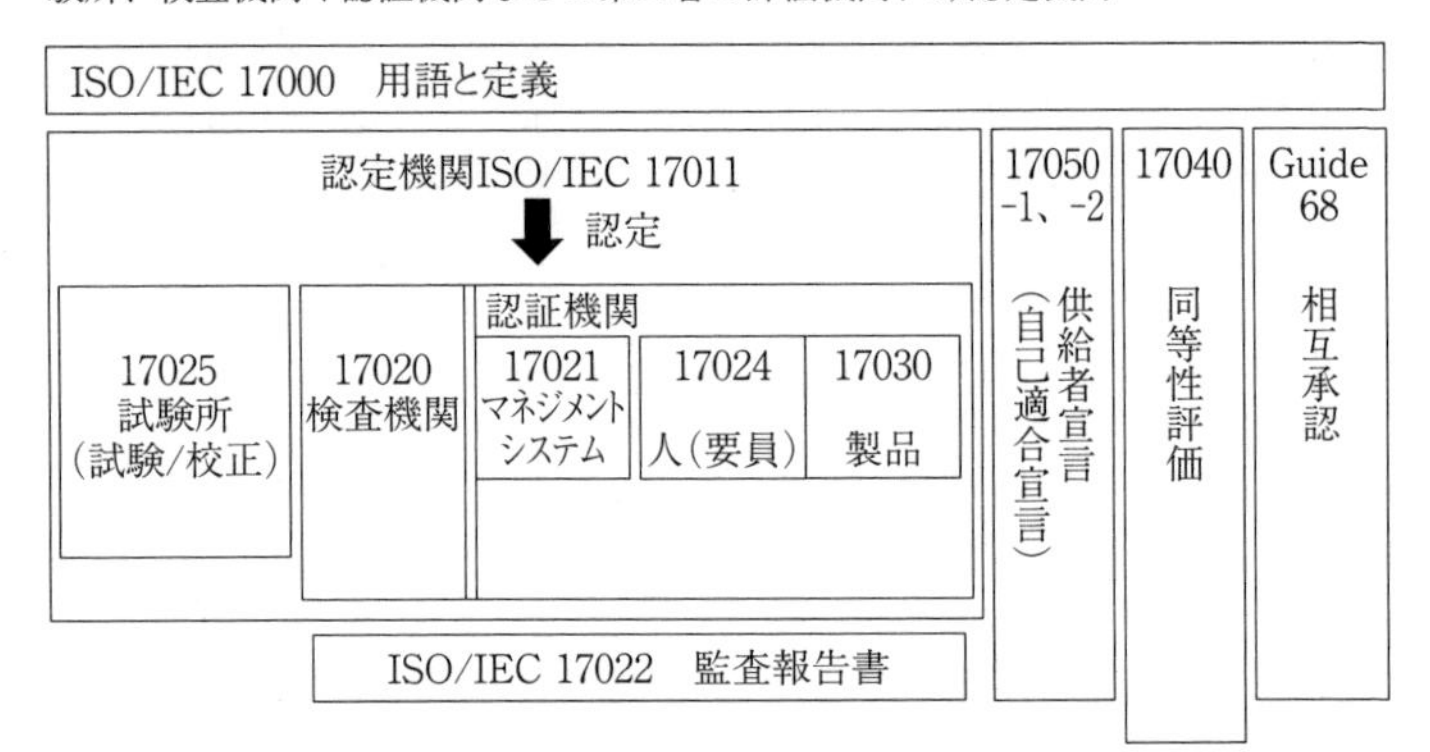

図5-2　ISO/IECの適合性評価の道具箱

出典：ISO, *ISO Focus*+, Vol. 13, No. 9, 2012, p. 23

が多くの人に認識されるきっかけとなった。また1990年代になりISO9000が、第三者認証として世界中に広がり、適合性評価に大きなインパクトを与えたことも、この体系づくりに寄与した。

ISO9000と適合性評価

商品の購入者は、商品は時間がたっても要求される機能を発揮できるか？　商品の信頼性や、使用される商品の使われる環境と適合するか？　などを、自らの追試で確認をする。同時に、その商品を製造する事業者の管理の仕組み、何か問題があった場合の対外的な説明責任、組織の透明性など、広く事業者の組織全体の管理システムができあがっているかどうかを、製造部門の見学や対話により調べる。品質の管理システムが「ガラス張

り」になっていて、外部から見えるようにしてあれば、商談を効率的に進めることができる。ISO9000の管理システムの標準は、顧客が管理体制について適切な情報を得て、顧客と事業者の情報の非対称性の問題を解決するものである。

企業の組織では、大きな方針に基づき計画を立て、その実施を行なうが、結果を評価し、点検や必要な是正措置を行ない、問題があれば、方針の変更を行ない、さらに新しい計画を立てる。このようなサイクルを繰り返し、商品の品質だけでなく、管理システムもよくしていこうとするものである。第三者の認証機関から、審査員が派遣され、必要なインタビューや施設、文書類を「選択」して調査を行なう。これらを基に、標準が要求していることを実証できる「確定」を行ない、審査機関が最終的な「レビュー」を行なう。そして要求されていることが満たされていることが確認され「証明書」を発行する。また定期的に、「サーベランス」を行ない、審査の過程の一部を繰り返し、認証業務を行なう。品質管理の標準と適合性評価のやり方は、国際標準となっていて世界共通であるため、1990年代の後半以降、ISO9000は急速に、国際的に普及した。

その背景には取引がグローバル化する中で、調達・取引の透明化の必要性が多くの企業で痛感されていたことがあげられる。とくに欧州市場の統合に当たり、規制の統一化や各国の政府調達基準の透明化が問題となり、欧州はその解決策として企業に対しISO9000へ適合していることを利用した。この結果、ISO9000への適合が、欧州における国際取引の不可欠な要素となり、ISO9000の初期の普及の大きなモーメンタムになった。企業の組織だけでなく、大学、病院、政府機関などサービスの分野にも急速に普及し、世界全体で100万件を超える組織が、ISO9000の認証を受けるに至っている。管理システム標準の効果以上に重要なことは、第三者の認証の概念が、世界的に広がりを見せ、多くの人に、標準と適合性評価が車の両輪であることを考えさせるきっかけをつくったことで、その意義は大きい。

この管理システムの標準は、組織の品質を超え、環境の管理、さらに特定の技術分野、たとえば自動車、医療機器、航空などへ急速に適用できるとして、それぞれの分野の標準がつくられ、認証業務が一体になって、グローバル化した世界に大きな影響を与えている。

適合性評価と課題

次に、いくつかの課題を見てみることとしたい。

(1) 国の規制と適合性評価

安全の確保や環境の保全のため、強制法規による多くの規制が行なわれるが、これらの規制の体系は、標準の世界の言葉に翻訳すると二つに分けられる。遵守すべき技術基準が標準、また基準がその内容どおり実施されるかどうかが適合性評価である。それぞれの国において、多くの法規制があり、それぞれ技術基準をつくる考え方が異なり、また実施のやり方も異なるため、規制される企業も国も、多くの費用と時間がかかる。第2章で見たように、EUは安全規制の域内統一を図るため、ISO／IECの標準と適合性評価を用い、域内28カ国の統一化を図った。

技術基準、すなわち標準を統一することは、それぞれの国の歴史、気候や文化を反映しているため難しいが、本章で述べた統一された考えの基に、規制の実施を、適合性評価の道具箱を用いて変えていくことが重要である。標準と異なり、適合性評価の道具類は、すでに多くが標準化され、考え方が統一され、普遍的に多くの国に適用できる。何より、数十年かけてEUで行なった経験が有用である。また標準の異なりは、前にも述べたように、性能標準をつくり、相互承認を行なうことで解決できる。相互承認についても、BOX5で述べる道具箱の中に、相互の違いを超えて共通化できる部分の扱いなど、参考になるガイドができあがっている。

一国内に限っても、複雑な法体系を、法の実施の部分、すなわち適合性評価の部分から手を付け、歴史の垢を落とし、わかりやすい体系にすることが望ましい。現に日本も含め、このような試みが、一部の法律で行なわれている。

(2) 認証の形式化

品質管理システムや認証行為は、内容が抽象的すぎて実質がないとの批判が、ISO9000が広く普及するにつれて起った。本標準は、いくつかの原則で成り立っている。顧客満足を得るための品質を達成することが前提となっており、（1）組織を管理可能な部分（ユニット）の集まりと考え、（2）文書化によりプロセスを明確に記述し、（3）実行することによって達成できる目標をつくり、（4）さらに、数値目標などのように測り得る目標とするなど、要は文書化をベースに管理を行なう仕組みである。また第三者機関からの多くの改善に関する貴重な口頭による指摘があるにせよ、これらの文書化による管理が実証されているかどうか、とくにその形式が整っているかどうかが、鍵となる点である。文書化による形式が整っていることが不可欠である点は、次の二つの問題を起す。

第一は、形式に偏り、内容がないとする非難である。日本の企業の伝統的な品質管理に慣れた人々は、たんなる文書にしたマニュアルより、文書にできない、人々の間で暗に共有できる実質的な中身を重要視する。人の意思疎通を大事にし、問題を共有化することが大切であると。また、不慮のトラブルが起ったときに、現場で早急に対応でき、高度化した製造工程ごとに、人の協働化により、不良品を出さないようにするには文書化されたものだけでは不十分である、と。一方、文書化されたものに従い、自らの責任部分の業務を果たし、不良品が出れば検査部門で対応し、レビューのプロセスで、管理の文書を変えていくとするＩＳＯ９０００の仕組みとは、それぞれの主張があまりにも好対照をなす。

外国人から見ると、いい品質のモノをつくる日本の組織の不透明さをしばしば指摘するが、本問題は、形式か実質かの問題ではなく、透明性や説明責任と効率性（いい品質の商品をつくるという意味での）との対立でもある。(7) 世界的に見ると、勝敗は明らかである。

第二は、認証機関の審査の形式化の問題である。ＩＳＯ９０００がスタートした時点は、認証機関の数は少なく、審査にかかる費用が高かった。しかし、審査は形式が整っていることが優先されるため、審査業務への参入が容易になり、現在日本では、50を超える認証機関が競争しており、当初に比し大幅に審査の費用が下がった（審査機関の増加は、欧州や中国を除くと共通の現象）。もちろん学習効果によるコストの削減もあるが、過当競争による値下げの圧力により、審査の質を犠牲にする認証機関も現れた。一方、審査を受ける組織も、形式が整うことだけでＩＳＯ９０００の標準が実証されることとなり、実質的な改善のメリットは無視し、ＩＳＯ９０００を取得することのみに意義を見出す組織も出始めた。本問題は、適合性評価の行為全体につながる点である。「事実の確定」を行なうだけでなく、あくまでも組織の透明性や説明責任を果たす、社会的な責任をもつ組織であるということを外に訴える「信頼性の確保」を行なう行為であることを再考する必要がある。重要なことは、形式の中に、実質のあるものを注入していくことである[8]。

（3）認証ビジネス

検査や委託による試験業務は古くからあり、国の法規制の代行業務を行なうための評価機関は、どの国にも存在する。１９９０年代になり、ＩＳＯ９０００の認証が引き金になり、さらにＥＵの標準と適合性評価を用いる規制が広がるとともに、ＩＳＯ／ＩＥＣでの道具箱に見られるような体系化が完成した。同時に、従来の第三者認証機関も、市場の拡大とともに成長を始めた。欧州では、比較的集中化した認証機関が存在し、認定については、原則1カ国に1組織とするＥＵの方針があり、ＥＵの統一された標準の政策の支えとなった。

一方、米国は、伝統的に分散した仕組みをもち、認定や認証をする機関が多数あり、近年欧州の動きに対応して、米国国立標準技術研究所（ＮＩＳＴ）が中心になり、調和を図る試みを行なっている。日本は、省庁の法規制の関係で、それぞれの法規制に対応する多くの評価機関があり、独自のやり方に依存してきたため、統一がとれておらず、規模は総じて小さい。

このような中で、ＥＵの認証機関は、国際的な展開を図り、多くの国に試験施設を整備し、国際的なビジネスを行なうようになり、組織の規模も拡大している[9]。

新技術を用いた商品やシステムの開発には、リスクの評価が不可欠で、とくに、安全に係わる商品を欧州に輸出する場合は、欧州の認証機関に頼らざるを得ない状況が発生している。認証ビジネスの業務の分野は、環境、石油ガス、システム認証、自動車など広範にわたり、数兆円の市場規模に達しているとされている。

この分野は、景気変動の影響が相対的に少なく、成長産業で収益率も高く、学習効果が大きいため、新しい技術や大きなシステムを評価する分野は新規参入が難しく、欧州の企業を中心に、近年、企業の買収統合が盛んになり、寡占化が起っている。

注

（1）有澤隆『時計の歴史』河出書房新社、２００６年。

（2）信頼の種類に対話によるものと、たんに予測可能性を示唆するものと二つあることを指摘。L. Busch, *Stan-*

dards: Recipes for Reality, MIT Press, 2011.

（3）日本電機工業会『自己責任時代の製品認証』日本電機工業会報告書、２００１年。

（4）ＩＳＯ／ＣＡＳＣＯの適合性評価の概要をわかりやすく説明したものに次がある。三井清人「『適合性評価』を知るための7つの質問」『標準化ジャーナル』36巻、２００６年、12-14頁。ＩＳＯで体系がまとまりはじめたころの文献に次がある。ISO, *Certification and Related Activities: Assessment and Verification of Conformity to Standards and Technical Specification*, ISO, 1992.

（5）ＣＡＳＣＯの情報は次を参照。ISO, "Information on CASCO: ISO Committee on Conformity Assessment," 1999.

（6）ISO, "Tool Box: Introducing the ISO/CASCO Confidence: Conformity Assessment," *ISO Focus+*, Vol. 13, No. 9, October, 2012, p. 23.

（7）田中正躬「日本的品質管理と規格」、日本品質管理学会編『日本品質学会の歩み　１９９１-１９９５』１９９６年、25-30頁。

（8）N. Brunsson *et al.*, *A World of Standards*, Oxford Press, 2000 はＩＳＯ９０００の批判に対する解説。

（9）National Research Council, *Standards, Conformity Assessment, and Trade into 21st Century*, National Academy Press, 1995は適合性評価の米国サイドからの解説。

BOX5

適合性評価——ISO／IECの道具箱

図5-2の道具箱にあるように、ISO／IECの適合性評価は、六つの分野を対象としている。

全体に共通する理念

図5-1にある適合性評価の活動については、それぞれの要素が国際標準になっているが、要求されている技術的内容について、(1)それが実証されていることを確定することと、(2)それが対外的に信頼性を保証することの二つの目的がある。

(1)事実の確定

最初に「選択」という準備が必要で、サンプリング、適用すべき基準の選択、手順の選択など、確定をするための考え方の選択や確定を行なう。「確定」は選択された考え方や要求されている内容を実証するため、現場に出かけ、質疑などで情報を収集し、判断をする。

最後の段階の、「レビューと証明」は、最終的な判断をする前の再検討であり、確信をもつことにより、証明書を出す、ある場合は適合マークを付す。さらに必要があれば、作業の一部を繰り返す監視（サーベランス）がある。

(2)信頼性の確保

評価活動にもっとも要求されることは、判断に偏りがないことを確保するための「公正」さである。利害関係のある要員が評価に当たるのを避け(利益相反の回避)、評価のために知り得た情報は、機密保持を行なうことで顧客から信頼を得ることが重要である。評価機関の組織の管理システムを、対外的な信用を得るとともに、文書化した手続き規定などは開示して、透明性を高める必要がある。また評価は、必ずしも顧客や第三者が納得するとはかぎらないため、苦情や嘆願に対応することが不可欠である。

それぞれの項目には、標準の番号が示してあるが、その概要は以下のとおりである。

（ア）**用語とその定義**　適合性評価を定義している五つの対象に関して、「規定する要求事項が満たされていることを実証」し、整理された用語体系ができている。

（イ）**認定機関**　試験、検査、認証の適合性評価機関が業務を遂行するに当たり、その組織の人の能力、施設や組織の管理能力にそれだけの力量（competence）があるかどうかを審査して、証明書を出す（認定という用語を使う）。

（ウ）**試験と検査機関**　測定や分析を行ないデータとして結果を示す試験所。車検のように、試験のデータを見たり、対象となっている車の構造を調べたり、安全確保の要件を満たしているかどうか（合否）を判定する検査がある。

（エ）**認証機関**

①　企業などの管理システムを審査し、ＩＳＯ９０００などに照らしてその適合性を審査し、証明書を出すもの。

②　人の専門知識やその活用する能力を審査し、格付けを行なう力量がある認証機関、ＩＳＯ９０００の審査員、溶接の技能者など多数。

③　顧客の注文により、要請された商品について、型式試験による設計の審査、製造過程の検査、できあがる製品の適合性など、製品の安全性、品質などその適合性

を保証する。

（オ）**自己適合宣言**　企業が市場や購入者に提供する製品は、必要な要件を満たすことを、自己責任で宣言する。必要な企業内の試験や補完的に外部に要請する検査と組み合わされる。また記録や管理のやり方を含め、国際標準17050に沿い自ら行なう必要がある。

（カ）**同等性評価**　試験機関や認証機関同士が、自らの審査のやり方や力量を相互に評価し合うための仕組みを標準にしたもので、ピアレビューともいわれる。

（キ）**相互承認**　国をまたがると標準の考え方や評価のやり方が、歴史や文化を超え異なる。この道具は、相互に評価した結果を受け入れるために必要な事項を示している。

ティーブレーク　本初子午線の物語

２０００年の7月、パリ祭の日、パリ天文台を通る子午線の上で、新しいミレニアムを祝し、パリの人々は、植林をし、食事をした。長い間パリを通過する子午線は、世界の本初子午線の役目を果たしてきた。19世紀初め、正確な子午線の測量をした、パリ天文台の所長のフランソワ・アラゴの名のメダルを、２０００年に子午線に沿って配し、現在は、植林をする「緑の子午線」としている。ローマ時代プトレマイオスは、地球は平たく、その一番端は、カナリー諸島の西端イエロ島（スペイン領）を本初子午線であるとした。その後、その場所から20度だけ経度が異なる、パリ天文台（１６７１年に竣工）の上を通る子午線を、長い間、本初子午線に相当するものとしてきた。

大航海の時代を迎え、異なる地点の経度を起点にした海図が現れたが、それぞれの国では、距離の単位や表記もバラバラであった。ルイ13世の時代、１６３４年に、すべての国が納得する本初子午線を決めるべく、欧州の著名な天文学者や数学者を、パリに集め会議を開き、イエロ島を本初子午線にすることを決めた。また１６７９年にはパリ天文台が海事暦を出版し、航海に利用できるようにした。さらに、何といっても、パリの子午線が注目を浴びたのは、フランス革命のさなか、科学アカデミーのメンバーが長さの単位を得るため、パリ天文台の上を通過する子午線を、ダンケルクからスペインのバルセロナにわたり、6年にも及ぶ歳月をかけ、計測し、メートル原器をつくったことである。

しかし19世紀になり、海上の船舶だけでなく、陸上の鉄道の利用が頻繁になると、それぞれの地域の太陽時に基づく時間の相対的な基準は、混乱を招き、世界的に統一された「時間のシステム」が求められるようになった。パリを汽車に乗って出発し、ブリュッセルへ着いたパリ時間の乗客が時計を見ると、異なる時間を表示していて当惑した。どこに本初子午線を決め、どのようなルールで各地域の時間を決めるか、議論が盛んになった。

英国は大航海時代を制し、19世紀には、最大の海運国となり、「時間のシステム」はフランスと異なり、グリニッチ天文台を基に、海事関連のルールを創設した。現在はグリニッチ天文台の仕組みを基にしたGMT（グリニッチ平均時）が日常的に使われているが、紆余曲折があったにせよ、どのようにして、長い間基準となっていたパリ天文台でなく、英国のグリニッチ天文台に軍配が上がったか、興味のある問題である。

一番の鍵となる会合は、1884年10月、ワシントンで開催された、国際子午線会議である。多くの古い書籍や記録を無料で公開している、グーテンベルグ・プロジェクトに、このワシントン会議の議事録(1)があり、1カ月にわたる会議の様子がわかる。それを基に、標準をつくるときの意見の異なりや、合意への過程を、現在の標準をつくるときの会議の様子と重ねて、見てみたい(2)。

(1) ワシントン会議までの状況

ある会合で重要な事柄を議論し、国際的な合意として決議をするためには、会議での交渉力以上に、それに至るまでの、多くの関連する状況が重要である。

① グリニッチ天文台——経度の測定

英国が海運を制する国となるためには、正確な経度の測定が必要であった。緯度は、天体の観測で正確な値が得られたが、今のように正確な時計がなかったため、経度の測定には天体を観測し、複雑な計算が必要であった。17世紀後半から、パリやグリニッチ天文台で、そのための海事暦が出版された。しかし、精度が不十分で、位置の正確な把握ができず、多くの海難事故が発生した。正確な経度は、第5章で述べたように正確な機械時計を製作することにより、18世紀の後半には英国のジョン・ハリソンにより解決されたが、時計製作技術は、もともとフランスで高い技術があり、技術的には19世紀になる頃は変わらなかった。

一方、18世紀の間、英仏で多くの戦争があり、おおむね英国が勝利を収めたこと、またフランス革命の混乱により、英国に関係の深い船舶数は、世界の中で他を圧した。とくに１７６６年に、グリニッチ天文台から航海暦が出版されると、英国人はグリニッチ天文台の時間（ＧＭＴ）に彼らの時間を合わせ、同時に他国もそれに倣ったと思われる。ただ、グリニッチ標準時（ＧＭＴ）が、英国の法定時間となったのは、後の１８８０年である。

② 北米の動き

米国では、19世紀になり鉄道が隆盛を見せ、鉄道を使っての移動後、時間の調整に多くの問題があった。19世紀後半には１０００以上もの鉄道会社があり、それぞれの時刻表の設定を、それぞれの起点で行ない、80種類ほどの、異なった標準時間を用いていた。ニューヨーク州のチャールズ・ダウド教授は、「鉄道のための全国統一時間制度」というパンフレットを、１８７０年に発表した。米国の鉄道の時間を、経度15度の間隔にし、四つの時間帯を設定し、それぞれの基準点を置き、時間帯はその基準点によるとし、東の基準点をワシントンにするとした（今日の米国の時間帯に相当）。19世紀初め、米国は独立戦争を支持してくれたフランスと密接な関係にあったが、ワシントンの経度はグリニッチの天文台に合わせると、１８５０年に議会で決めていた。ダウドの提案は、その後多くの議論を呼んだが、１８８３年に米国とカナダで、ほぼ原案どおり、採用されることとなった。

一方、カナダの鉄道会社の主任技師である、サンドフォード・フレミングは、１８７８年に「経度と時間の算出」という論文を発表した。地球上の各地での時間を得るため、経度15度ごとに、1時間差の時間帯をもつ、ダウド教授の米国の四つの時間帯と整合性をもつ、経度の分割を提案した。ただしフレミングの提案は、本初子午線を、どの国からも中立的な地点であるグリニッチ天文台から経度にして１８０度の地点、すなわち、現在の日付変更線にすべきとした。

③　欧州の動き

大航海時代に始まり、スペインやポルトガル、オランダ、北欧などの国々の、海運関係の人々は、内陸の地図や海上輸送のため、それぞれが異なる地点の子午線を使っていた。

ワシントン会議が始まる頃には、パリやグリニッチ天文台の他、イエロ島、アントワープ（オランダ）、カディス（スペイン）、コペンハーゲン（デンマーク）などの基準点が使われていた。しかし英国の海運業の拡大とともに、しだいにグリニッチへと変更を始めていた。一方、新興国のドイツは、グリニッチとイエロ島の二つを用いていた。

④　メートル単位との関係(3)

フランスは、子午線の計測による長さの単位をメートルとして、計量標準の基本的単位としたが、フランス革命以降の長い間の混乱で、1840年になりメートル系の使用を義務づけることとなった。一方欧州などの各国は、メートル系は普遍的な単位であることから、多くの国が採用し、その検討を始めた。とくにドイツは、プロイセンがドイツを統一するに当たり、自国の度量衡を強制せずに、公正なメートル単位にできることに利点があった。

しかし、フランスが測定し、メートル原器としたメートル単位は、測定データ自身の正確度やその後の科学技術の進展から見て、意図した地球の子午線上の正確な数字でないことがわかりはじめた（地球は想像したような円形ではなく、表面に凹凸があり、歪んでいるなど）。

この問題も含め、フランスは、1870年になり、世界の30カ国を招集して検討を開始した。普仏戦争で中断した後、世界の普遍的な単位をつくるという精神を受け継ぎ、国際的な協定に基づき、国際的な制度づくりを目指し、1875年には、現在も継続しているメートル条約を結ぶことに成功した。すなわちメートルの単位は、フランスでなく、国際度量衡委員会（BIPM）が管理を行なうこととなった。また、フランスにより作成され、すでに各国に配られているメートル原器は、地球の厳密な計測とは異なる、架空の長さであることが判明したが、すでに多くの国で使用されていることもあり、メートル原器の長さはそのままにすることが結論づけられた（1867年の国際測地学会の決議(4)）。しかし、この一連の過程で、英国や米国は、完全にメートル系に移行するとは表明しておらず、科学技術の著しい進歩を遂げているドイツの状況を考えると、メートル単位に代替する提案(5)があることをフランスは懸念した。

⑤　科学者（学会）の動き

天体観測に係わる科学者や、地図や測量に係わる技術者の間で、18世紀後半以降多くの交流がなされ、関連する学会もできあがって、メートル単位と地球の経度と時間の仕組みについて多くの場で検討されてきた。

1871年、第1回国際地理学会がベルギーのアントワープで開催され、本初子午線の議論がなされ、グリニッチ天文台を本初子午線として採用すべしとの意見が出され、法的な義務が将来課せられることになる決議があった。1875年にローマ、1881年にはヴェネチアで、それぞれ国際地理学会が開かれたときは、本初子午線としてグリニッチ子午線を受け入れる国が増えてきたが、フランスはメートル法を受け入れることが、すべての前提となると主張した。その後、国際地理学会の流れを受け、メートル単位を議論してきた国際測地学会でも、1883年に、経度と地球の時間帯の割り振りの議論が始まった。

本会議では、本初子午線は、イエロ島、ベーリング海峡など多くの案が論じられたが、本初子午線は、外国貿易の関係者が、グリニッチを基準とすべしとした。また一日の始まりをゼロ時にするか正午にするか、フレミングが提案した、地球上の経度と時間の配分方式、十進法の採用などが議論され、次の年、1884年のワシントン会議への議案へとつながる。

以上の会議が始まるまでの情勢は、会議での妥協や取引を行なうに当たり重要であるが、日々不利になる情勢に、フランスがどのように臨んだのか、興味があるところである。

（2）ワシントン会議

米国の大統領から、国際会議への招集を受け25カ国の41名が、10月1日に参集した。会議の付託事項は「世界中で用いられるべき共通の経度ゼロの地点と標準時間を討議し、可能であれば決定すること」とされ、出席者の大部分は外交官であったが、科学者も多く参加していた。

国務長官の挨拶により会議が始まった。会議のやり方は、現在も多く行なわれている19世紀の後半に広がったロバーツのルール[6]に基づき行なわれた。会議では、まず議長（米国）と書記（議事録の作成人：英国、フランス、ブラジル）を決め、議長の采配により、多くの人に意見を発言させ、議題に沿い議論を進め、議論の結果としての決議を文書にし、終了した後は議事録をつくり、会議に参加者の了解を求める。現在、通常行なわれる公式のマルチの会議と、同じ形式で行なわれている点に注目したい。

以下経度ゼロの議論も、ワシントン会議の詳細な議事録を簡略して、現在の会議の報告書風にすると、以下のようなことである。

実質的な議論は、10月2日に始まり、ローマでの国際測量学会の決議（グリニッチを経度ゼロ）を基に行なうべしとのスペインからの提案があり、開始された。フランスが反対し、経度ゼロを選定する根拠や考え方を会議の目的として議論すべしとした。米国が提案をし、「今日の多数のゼロ子午線に代わる、世界共通の本初子午線を採用することが望ましいというのが本会議の意見である」と特定の場所を明らかにせず、会議の付託事項から、フランスなどが反対しにくい決議を導いた。しかし、フランスの中立性の原則の強調と、実際の選択は、専門家の会合に任せるべしとの点について長く討論を行ない、10月6日に至っても、進展はなかった。その後も、長い議論が続き、「本初子午線は、中立性を備え、科学と通商に利益をもたらすことを目的とし、大陸も除外すべきでない」との原則で、討論を行なうことになった。

中立性についてフランスはメートル法をもち出し、本初子午線も特定の国に関係しないようにすべしとした。メートル法が、中立であるかどうかを巡り、米国や英国が反論し、メートル法自身完全に不偏の方式ではないと、フランスが作成したメートル単位について疑義を挟んだ。また本初子午線は、測量などに関してもっとも優れた科学的能力をもつ、天文台を通過する必要があるとの英国からの意見により、本会合で、多くの国から出された多くの候補、エルサレム、ベーリング海峡、イエロ島などは除き、パリ、ベルリン、グリニッチ、ワシントンの四つの天文台が候補であると議論が進んだ。

10月7日に、『ニューヨーク・タイムズ』紙は、ワシントン会議では本初子午線は決まらないと報じた(7)。その後、10月13日に会議が再開され、カナダ代表の時間帯と経度の時間のシステムを提案しているフレミングが、会議の時点で、使われている本初子午線と船舶のトン数との統計を発表し、72%がグリニッチ天文台であり、パリは8%で、後は分散しているとした。スペインが妥協案を出し、英国と米国がメートル法を採用するならば、グリニッチ案を支持すると述べ、英国は、メートルの使用は英国内では禁止はされていない、メートル条約の会議に参加を申し込んだところであると、スペインに対して答えた。

13日の午後「本初子午線を、グリニッチ天文台にすることを提案する（propose）」という決議案に、投票を行なうことになった。しかしその前に、当時、国際的に著名な科学者、英国のケルビン卿に第三者の立場から意見の開陳を依頼した。彼は「英国がメートル法を採用しないのは、多くの犠牲を払っている。また特定の地点のゼロ経度が、科学的に優れているとはいえない」と述べた。サント・ドミンゴは、フランスのような知的に優れた国が反対していることに賛成できないと述べ、投票に至った。

その結果は、賛成22、棄権2（フランス、ブラジル）、反対1（サント・ドミンゴ）であった。この投票の後、意思疎通を図るためのコミュニーケーション委員会がつくられ、より本会議の理解を深めることとした。10月16日には、米国の大統領に表敬するため、全員で挨拶にいった。

経度と時間の設定はフレミングが提案したものを基に議論し、現在私たちが適用している15度ごとに1時間ずらす仕組みが合意された。一日の始まりは、天文学者がプトレマイオスの時代から使っていた正午を一日の始まりにすることが、前年の専門家が集まるローマ会議の決議となっていたが、日常生活とあわせ、午前零時がいいとされた。またメートル法に関する議案自身は、本会議の付託事項でなかったが、フランスに配慮し新たな決議が出され、全員に賛成された。ただ決議文は、「……時間について十進法の使用を広めることについて希望を表明する」と弱い表現になっている。

圧倒的に不利な状況の中で、どのようにフランスが意見を述べたのか、私は興味があり、長々と述べてきた。国際会議の場で、自分の立場が弱いとき、どのように会議をリードし、発言するかは難しい。譲らざるを得ないときに、代わりに何を得るか、また譲る内容をどのように文書にするかが重要で、前者はメートル法について前向きの文書を残す、譲る後者は、前に述べたように、グリニッチに「決めた」ということではなく、「提案した」（proposed）と決議に残した。

（3）その後のグリニッチ子午線と時間（ＧＭＴ）

ワシントン会議の時点で、米国、英国、カナダが、グリニッチ・システムを採用していたが、日本代表として会議に出席した東京大学の菊池大麓教授（後、東京大学総長、文部大臣）は、いち早く、１８８６年に

8年)。『ネイチャー』に寄稿し[8]、日本が135度の経度のGMTを採用する旨を述べている(正式の採用は1888年)。

多くの国は、経度と時間を20世紀の初め前後に、グリニッチ天文台の基準に代えた。フランスは、1911年になり、法定時間をGMTから、9分21秒遅れとするパリ時間とし、あくまでパリを中心に法定時間を決めた。

GMTは、平均太陽時に基づいた、地球の自転に基づく時間を基にしている。しかし地球の自転は、しだいに遅くなっていること、また地震や火山に自転が影響を受けることが明らかになり、時間の単位を、1967年以降、地球とは別にセシウム原子の振動数に基づく原子時計とし、時報はパリの国際度量衡委員会(BIPM)が調整したものが正式である。GMTは、日常的に長く使われてきて変更は難しい。たとえば、現在でも、国際的な電話会議を行なうときにGMTに合わせて会議の開始時間をメールで知らせる。

また、長い歴史をふり返ってみると、真実は変わる。現在の博物館になっている天文台の敷地に、西半球と東半球を分ける1851年時点の観測に基づくグリニッチ子午線が引いてあり、訪れる人はこの線を跨ぐ。しかし、その後の数値の精度処理から、本当の子午線は、1・95メートルずれている。さらに宇宙時代になり、米国が主導する人工衛星のGPSから見たグリニッチ子午線は、102・47m(2000年時点)ずれているそうである[9]。

注

（１）BOOK Gutenberg, International Conference Held at Washington for the Purpose of Fixing a Prime Meridian and Universal Time Ebook, #17759, 2006.

（２）以下の議論は次の文献を参照。D. Howse, *Greenwich Time and the Longitude*, Oxford University Press, 1997. 橋爪若子訳『グリニッジタイム』東洋林書，２００７年。I. R. Bartky, *One Time Fits All: The Campaigns for Global Uniformity*, Standards University Press, 2007. P. Murdin, *Full Meridian of Glory: Perilous Adventures in the Competition to Measure the Earth*, Springer, New York, 2009.

（３）K. Alder, *The Measuer of All Things: The Seven Years Odyssey and Hidden Errors that Transformed the World*, Fletcher & Parry LLC, 2002. 吉田三知世訳『万物の尺度を求めて』早川書房，２００６年。

（４）英国の議会でこの頃審議されたが，１８６４年，メートル法を「使用することを認める」との法案にとどまり，正式の採用はＥＵに加入する１９７１年である。米国は，１８６３年議会でメートル法を承認したが，米国人が自発的に採用することを許可するとしており，現在も同じ立場である。吉田，同上，435頁および440頁。

（５）英国のジョン・ハーシェル卿はインチを基に地軸の長さを採用すべきとした。吉田，同上，435頁。

（６）M. DeVries, *The New Robert Rules of Order*, a Signet Book, 1998.

（７）The New York Times, The International Meridian Conference, October 7 1884. The New York Times, The Meridian Conference: A Strong Probability That No Agreement Will Be Reached, October 8 1884.

（８）D. Kikuchi, “Time Reform in Japan,” *Nature*, September 16, 1886, p.469.

（９）Murdin, op. cit., pp. 143–147.

BOX6

計量標準――ものさしの基準

標準には、本書で取り上げる、商品の特性や互換性を確保するための標準のほかに、経済社会の活動すべてにわたり、共通する長さや重さの値を決めた「ものさし」の標準がある。

私たちは、日常生活の中で、定規、時計、温度計や体重計などの「はかる」道具を使うが、その単位として使う、cm、秒、℃、kgなどの基本単位を計量標準という。

このような計量器を用いて、「はかられた」量は、世界中、どこで「はかる」ことをしても、同じ数値になる仕組みになっている。1875年に、国際的な条約（メートル条約という、日本は1885年加入）が結ばれ、フランスのパリにある国際度量衡委員会（BIPM）が中心となり、各国で使う計量標準が一致する仕組みをつくっているからである。その仕組みとは、

（1）条約に基づき、長さや重さなどの国際単位系に整合する単位を、それぞれの国の法律で計量標準として定め、取引をしたり、証明書を出すときに、この計量標準を用いることを決めている。

（2）メートル条約では、七つの基本単位(1)を決め、日常使われる多くの単位は、その七つの基本単位から組み立てる国際単位系（SI(2)）ができている。また単位は、いわゆる10進法である、10の整数乗倍を使う。

（3）それぞれの国で、計量標準が正しく経済活動の中で使われるように、「校正」サービスを国が提供する。「校正」とは、国が管理をする、一番の元となる計量標準と比較して、取引などに使われる実際の値との

ずれをなくすること（calibration：キャリブレーション）をいう。

計測器メーカーが製造する個々の計測器に、正しく国の計量標準が移され、その器機を使って、工場や販売店で正しく「はかる」ことができ、正しい寸法の製品がつくられ、正しい量の商品が販売されることとなる。すなわち、計量標準の源を次々たどっていけば、国の計量標準に一致する仕組み（traceable：トレーサブルな仕組み）ができている。

さらに、この仕組みの信頼性を確保するため、計量機器メーカーや計量関係の業務を行なう組織は、国から技術的な能力や組織の管理の能力について審査され、その力量があると判断された場合、校正事業者として登録される。第5章のＢＯＸ5の適合性評価の道具箱の試験所認定のルールが使われる。

また、それぞれの国の計量標準が他の国と同等であることを確認するため、定期的に国際比較を実施する相互承認の取り決めを結んでいる。

計量標準と、それを利用するときの信頼性、本書で何度も取り上げた適合性評価の仕組みは、長い年月を経てできあがった。古い時代、中国やエジプトをはじめとする王国では、この計量標準は、度量衡と呼ばれ、皇帝やファラオが支配する、国家の制度を維持する重要な道具であった。このような単位は、人体の手や指、さらに、足、胴回りなどがその起源となっており、インチ、フィート、ヤードなどとして今でも残っている。それぞれの地域の言語、習慣と結びつき、異なる長さや単位名が与えられたが、3、30、90センチ前後のものが多かった。

欧州では、19世紀までは、ローマ教皇、皇帝、ギルド、都市ごとに、地域や分野によりさまざまな単位が使われ、またその量も異なる記数法、倍量と分量が使われていた。

この問題を解決するために、体系的な取り組みをはじめ、客観的な計測に基づく計量標準を決めたのはフランスである。今となっては想像することが難しいが、地球の赤道から北極までのパリを通る子午線の1000万分の1を、長さの単位メートルにしようとした。

実際はその10分の1に当たるスペインのバルセロナからフランスのダンケルク間を、フランス革命の大混乱の中、1792年から6年の歳月をかけ測定し、1メートルを定め、メートル原器を作成した。

注

(1) 七つの基本単位は、メートル（m）、質量（kg）、時間（s）、電流（A）、熱力学温度（K）、物質量（mol）、光度（cd）であり、たとえば加速度は m/s^2、力、ニュートン（N）は $kg \cdot m/s^2$。

(2) フランス語の Le Systéme international d'unités の二つの頭文字を取り国際単位系（SI）という。

Ⅲ　挑戦すべき課題

第6章　ガバナンスの仕組みとその限界

1999年9月、米国大使館が、突然、実用に踏み切ろうとするJR東日本のICカードのSuicaにクレームを付けてきた。WTOの政府調達の取り決めに違反しているという。政府関係機関が、ソフトや物品を購入するときは、国際標準に基づかなくてはいけないことが取り決めで決められており、日本はこれを守っていないというのである。米国のWTOへの提訴の後、協議に及んだが、しかるべきICカードの国際的な標準が未整備であるとわかり、1年後の10月に米国は提訴を取り下げた。この例だけでなく、通常の取引においても、標準が国際的な標準と異なることにより、このような問題が生じることがある。

先に本書で述べたように、グローバリゼーションが進展するとともに、ビジネスの世界で国際標準が重要性を増しただけでなく、通常の日常生活の中でも、なじみのない適合マークや表示などの国際標準が身の回りに見られるようになった。また、国の規制に標準が多く引用され、EUの共通市場を形成するためにCEマークなどを規制に利用するなど、公的な分野にも国際標準が広く利用されるようになった。同時に、これらの標準群を供給する組織や主体も多様性を増し、相互の一貫性や整合性が必要となっている。しかし拡大する国際標準の利用は、体系的に行なわれているわけではなく、多くの組織により、多くの重複する標準や、相互に競争関係にある標準群が生み出され、利用者の立場からすれば、標準の氾濫により混乱が生じているともいえる。望ましいのは、これら国際標準の関係者が中心となり、規律を重んじながら相互に協力し、秩序維持に向けた意思決定や合意の形成を行ないながら、国際標準の世界の円滑な運営を図ることである。しかし先の各章で見たように、現実は必ずしもそのようになっていない。

この章では、どのような仕組みで国際的な秩序が維持され、多くの国際標準が管理されているのかを取り上げる。最初に、第1章のビジネス戦略で取り上げたデファクト標準（市場の取引でつくられていく標準）を取り上げ、標準に係わる管理や秩序維持が市場の競争でどのようになされているかを考えてみる[(1)]。次に、第2章で取り上げた公的な標準の秩序維持がどのような仕組みでなされているかを見てみる。公的な標準についてはWTO（世界貿易機関）で管理調整機能をもつ仕組みができあがっており、どのように機能しているかを検討することとなる。さらに、WTOのルールとの関係で、今まで厳密に考えてこなかった、国際標準とは何か、という問いを検討してみる。最後に、WTOの現状では処理できない問題を検討してみたい。第3章で見た、グローバルな観点からの持続的な発展を目指すNGOや、企業の集団による森林や漁業資源の保全の認証スキームなどは、それぞれの国の管理の対象にならず、体系的なガバナンス、すなわち管理のメカニズムをどのように考えるかは大きな問題である。この点について、ＷＴＯとの関係で、それぞれがどのような議論になっているかをさらに検討する。

市場および公的機関での調整

市場の取引は、市場の調整機能を国が補完する制度をつくることにより行なわれている。自由な市場経済の考え方では、競争により淘汰され、必要な商品やサービスだけが生き残る市場の調整機能があるため、商品の生産や消費の管理を市場に任せることが最適な結果をもたらすとされている。差別化された、ほぼ同じ機能をもった多くの商品は、一見無駄に見えるが、個々の消費者や利用者のニーズにきめ細かく応えるだけでなく、新しい情報を生み出し、問題の新しい解決方法や、さらに改良改善による技術の進歩をつねに商品に取り入れている。そういう意味からも、市場経済は優れた調整機能をもっているといえる。

しかし、市場の機能を健全に働かせるためには、市場の独占による価格の支配や、独占力を利用した抱き合わせ販売など、不公正な取引を制限する必要があるほか、市場で取引をする関係者に十分な情報が提供されることが前提となる。そのため、市場の公正な働きを確保するための国による秩序維持に資する法的な枠組みができあがっている。標準は何らかの形で商品やサービスに体化され利用されることから、このような経済学の考え方が標準にも当てはまるであろう。

しかし標準は、商品の互換性や、情報ネットワーク上で相互に運用が可能になるように技術的な内容を文書にしたものであるため、ネットワーク経済が働き、たとえば使い慣れたものから、異なる電子機器へ変更しようとすると難しい。すでにある標準の体系に取り込まれると、それを他の異なる標準の体系に転換（switching）するのが難しいからである。すなわち、市場の独占や抱き合わせ販売のような、公正な競争からみると望ましくない結果を生む。また市場による解決は、各国で異なるプラグとコンセントをつくり出し、外国旅行をしたときに不便を生じさせるようなことになり、結果として、第1章で見たように競争政策の観点から国による調整が必要になる。こうした歴史的な変遷を経て、現在の標準や特許に係わる競争政策などの、国による制度的な枠組みができあがっている。

WTO／TBT協定とそのガバナンスの考え方

次に取り上げる問題は、国が代表となっている公的な組織であるWTOの場での、国際的な標準の管理や秩序維持である。第2章で見たように、安全や環境の保全などを目的とした技術的内容を文書にした標準は、公的分野の規制に係わり、それぞれの国の制度の枠組みができあがっている。ある国の輸出企業が、輸出先の標準や適合性評価制度に合わせるように努力しても、その内容が不透明であるなどを理由に差別的に扱われて問題になることがある。そのため国同士が共通の規範のもとに、相互に協力し意思決定をすることで、全体の秩序の維持を図る国際的機関が必要である。この機関がＷＴＯである。米国もＷＴＯの調整機能に期待し、冒頭に述べたSuica の提訴を行なった。

ＷＴＯの標準との係わりには、非関税障壁についての協定がある。ＷＴＯでは、それぞれの国家の強制法規となっている標準や、任意の標準、さらに適合性評価が対象となっている。

ＷＴＯでの取り決めの意義は、世界の国々が、原則として、国際標準に整合することに合意したことにある。この協定ができるまでは、国際標準とは関係なく、任意に標準や基準類を利用して企業活動が行なえたが、今後は国際標準と無関係に企業活動を行なうことは困難になったということである。まずＷＴＯの標準に係わる仕組みを見てみよう。

１９９５年1月、ＷＴＯがスタートした。同時に、標準に関係する諸協定の一つとして、ＴＢＴ（Technical Barriers to Trade：貿易の技術的障害に関する）協定が発効した。さらに、別の協定として、１９９5年以降、政府調達、すなわち国の関係機関が商品を購入する際にも、ＴＢＴ協定と同趣旨の規定が設けられており、国際標準に基づく調達を義務づけている。

２００1年に中国がＷＴＯに加盟し、１６０カ国を超える国がＷＴＯの組織を支えるようになり、標準に係わる分野で、貿易障害になる標準や適合性評価を調整し、管理をする仕組みができた(2)。

表6－1にあるように、本協定は各国の標準や適合性評価が正当な目的（安全、健康保護など）を達成するために、必要以上に貿易を制限しないことを目的としている。そのため、制度適用に当たって、国際標準の使用、標準作成の際の透明性の確保などを義務づけている。

表6-1　WTO/TBT 協定の概要

対象

1）強制標準（法令の技術基準）
産品の特性や生産方法などに係わる標準で、遵守することが義務づけられているもの。

2）任意標準（JIS、JAS などの国家標準）
産品の特性や生産方法などに係わる標準で、遵守が義務づけられていないもの。
強制標準、任意標準には、包装、マーク、ラベル（labeling）などによる表示を含む。

3）適合性評価手続き
強制標準または任意標準に関連する要件が、満たされていることを決定するために用いる手続き。

原則

国際貿易に不必要な障害の排除（前文、2.2 条）
国家の安全保障や人の健康、安全の確保、環境の保全など、正当な目的を達成するために必要以上の貿易制限的な標準を導入してはならない。

最恵国待遇の確保と内国民待遇の確保（2.1 条）
すべての加盟国を同等に扱い、国内措置との差別をしない。

国際標準・指針の使用（2.4 条）
国際標準が存在する場合は、標準の基礎として用いなければならない。ただし、気候、地理的条件や基本的な技術的問題で国際標準がその目的を達成できない場合は、基礎とする必要はない。

透明性の確保（2.9 条）
加盟国が強制標準を導入するときは、WTO に通報し、60 日程度の期間をもって、加盟国の意見を聞かなければならない。また加盟国は意見を出すことができる。

TBT 委員会と協議など（13 条）
委員会を設け、年３回会合をもち、特別の懸念がある案件の議論やガイドを作成、また関係国で協議を行なう。

第４章で見たように、標準は、国際的な場で多くの種類の組織によってつくられ、国際的に広く使われていることから、国際標準と考えられるものが数多くある。すなわち国連関係、OECDなど各種の国家がメンバーとなっている国際機関、ISO／IECのような民間組織、また個人が加入資格をもつ米国の標準機関ASTMのような非営利団体、さらにはIETFやW3Cのようなインターネットの標準を作成しているフォーラムやコンソシアムといった純然たる民間の組織などがある。誰かが国際的に広く使われている標準を整理し、透明性を確保し、それぞれの国の標準に、整合的かつ体系的に使われるようになれば、利用者の観点からきわめて便利である。

利用者の立場に立って、国際標準に携わる関係者の間では、「一つの標準、1回のテスト、あらゆるところに受け入れられる」(one standard, one test, accepted everywhere) という「理想の考え方」がある。すなわち、「国際標準」を基に、世界中の標準と適合性評価の統一を図るという考え方である。国際標準と整合性が取れた国家標準を整備しておき、それを「標準のプール」にして、国内の企業の工業会や、強制法規の運用を行なう公的組織が引用していけば、標準の体系がつねに「国際規格」と整合し理想の考え方が実現するわけである。海外からは、国際標準や国家標準の「標準のプール」を見るだけで、その国の標準の体系がわかることが透明性の観点から望ましい。しかしそれぞれの国によって、文化的・社会的な伝統や慣習の違いから標準についての文書の構成や詳細化した部分が異なり、海外から見ると非常に複雑に見える。「理想の考え方」は、「国際標準」を基に、このような複雑性をできるだけ解消することであり、国家標準の使用の義務を果たすことの重要な意義は、海外と国内の接点をわかりやすくすることである。

しかし現実にはこのような整理がなされておらず、国際的な事業をやろうと思えば、それぞれ分散化された標準の体系をうまく使いながら、ケースごとに事柄を進めていくほかはない。「理想的な考え方」を反映すべく、WTOの「国際標準」に係わる、TBT協定の仕組みは、四つのステップからできあがっている。

(1) 標準を、新しく当該国でつくるときは、国際標準があればそれをベースにつくること、また作成時には事前にＷＴＯに通報して、加盟国から意見を聞き、協議を行なう。

(2) 定期的に、ＷＴＯの委員会で表明された懸念や協議、さらに協定の運用についてレビューを行ない、必要とあればガイドのようなルールをつくる。

(3) すでに存する多くの標準については、関係国が貿易上の障害があると考えるときは、当該国に懸念を表明し、協議ができるようにする。

(4) 協議が整わない場合は、ＷＴＯの定めるパネルをつくり司法的な紛争処理を行なう。

標準や適合性評価の分野は、それぞれの国の中で複雑な体系が過去にできあがっているため、現実的な解決を図らざるを得なく、表6-1(2・2条や2・4条)にあるように、いくつかの例外を設け、目的達成と現実とのバランスを図る文書が挿入されている。

貿易制限的な標準は、人の健康、安全の確保、環境の保全など正当な目的を達成するために必要な場合は、可とされている。さらに、国際標準の使用について例外を設け、気候、地理的条件や基本的な技術的問題で国際標準がその目的を達成できない場合は、基礎とする必要はない。

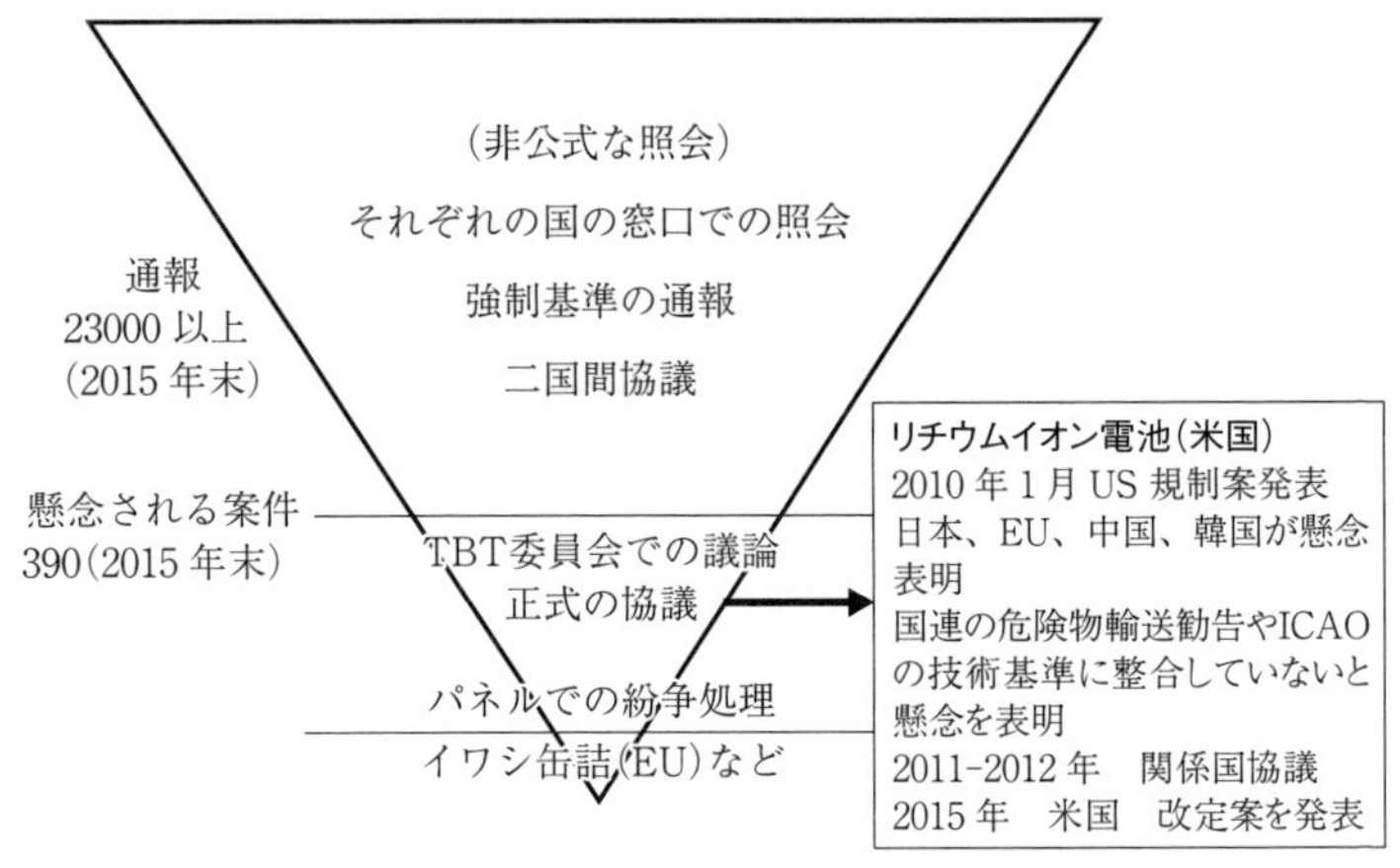

図6-1　多国間の通報と検討のプロセス

出典：WTO, Seventh Triennial Review of the Operation and Implementation of the Agreement of Technical Barriers to Trade under Article, 15.4 G/TBT/37, 2015 および経済産業省「不公正貿易報告書」（2014 版）を基に作成

20年の運用の成果

このようなWTOのガバナンスの仕組みがどのように機能するか、20年にわたる運用[3]について、その成果を見てみよう。図6－1をみると、前記の四つのステップを経るごとに、問題が解決されていくのがわかる。以下、各ステップごとにその概略を見る。

（1）第一のステップ　通報と協議

WTO加盟国が、強制基準の制定を行なうときは、事前にWTO事務局に基準案を通知しなければならない。WTOがスタートした1995年から2015年までの総通知件数は2万件を超える。WTOへの通報は、その措置が導入される前に定型化された形式に従い、6カ月前までに行ない、必要があれば関係国と協議しなければならない。

通報したものも含め、1995年以降「特定の貿易上の懸念」(STC：Special Trade Concern)、すなわち公式の問題があるとする案件は、2万件のうち約400弱である。これらのSTCは、TBT委員会や、関連国で協議されることとなる。STCの中身を分析すると、情報不足がもっとも多く、国際標準との整合性を懸念するものもかなりあることが注目される。とりわけリーマンショック以降、新興国を中心に保護貿易的措置をとる機運が高まったことを反映して、STCの件数は大幅に増加した。これらのうち、情報不足や協議の期間が短いこと、手続きに関して十分満足しなかったことなど、早急に解決できたものが多い。いくつかの異なる評価があるが、通報と協議の仕組みは、けっこううまく機能している(4)。

さらに広く強制基準について、「見える化」するための制度を導入していることも透明化に役立っている。他の加盟国および利害関係者からの質問や資料要求に応じる照会所を設置する義務があり、WTOのウェブサイトに公表されている。

(2) 第二のステップ　調整役のTBT委員会

TBT委員会は、年3回の定期的な会合をもち、懸念される案件STCを議論するほか、TBT協定の実施や目的を達成するため、実務的なルールの制定を行なっている。また3年ごとにレビューを行ない、報告書を出すことになっている。2015年11月には第7回「TBT協定3年見直し」報告を出した(5)。ウェブサイトに公表されている3年見直しは、WTOへの通報の形式やその具体的なやり方、TB

T委員会の運営方針などのルールを作成し、TBT協定のガバナンスに関して、中核となる役目を果たしている。

同時に、TBT委員会での議論の間接的な成果は大きい。本委員会の議論や案件の調整過程で得られた知見を、それぞれの参加国の職員は、自国の関連する政府組織のみでなく、任意標準をつくる機関や民間の工業会に広げる機会があるからである。すなわちTBT協定は、強制基準を導入するに当たり、国際標準との整合性を見るだけでなく、間接的ではあるものの、それぞれの国において、標準に係わる調整や管理のあり方に広く影響を及ぼす。

(3) 第三のステップ　協議による解決例――米国によるリチウム電池の輸送規則

2010年1月、米国で多発していた航空輸送中の異常発火事故への対策として、米国運輸省はリチウム電池の輸送規制案を発表し、WTO通報が行なわれた。これに対し、日本、EU、中国、韓国は、規制案に対して国際標準との整合性に関し懸念を表明した。

国連の危険物輸送勧告や、国際民間航空機(ICAO)の危険物航空輸送技術指針(以下指針類という)によると、リチウム電池は危険物として指定されており、小型リチウム電池について、航空機輸送の安全のため技術基準が定められている。

懸念を表明した国は、前述の「特定の貿易上の懸念」(STC)として、次の2点を指摘した。

(1) 本指針類は、表6-1にある2・4条に該当する「国際標準」であり、米国の規制案は、国際標準を基礎としておらず、かつ気候、地理的な要因や基本的な技術的問題などがあると思えず、ＴＢＴ協定で定める国際標準の使用義務に違反している。

（２）米国の規制案の目的は、航空輸送の安全確保であるが、安全確保上問題のないものまで対象としており、正当な目的の達成のために必要以上に貿易制限的である。

２０１０年から２０１２年にかけて、ＴＢＴ委員会や関係する国間の会合で、米国政府と協議を行ない、２０１３年２月に、米国議会が既存の国際標準に整合した新規制案を発表し、２０１５年１月、官報に発表された[6]。

（４）第四のステップ　ＷＴＯのパネルでの司法手続きによる解決――ＥＵによるイワシの缶詰などの表示

通報と協議の仕組みで問題を解決できず、ＷＴＯの紛争処理の手続きに進んだものは、全体の通報件数が２万件を超える中で、数件のみである。そのうち缶詰の表示について見てみよう。

ＥＵでは、域内で欧州産のイワシのみ、「イワシ」と表示できるとする規則を、イワシの缶詰に適用した。ペルー産のイワシの缶詰は「イワシ」と表示できないことから、ＴＢＴ協定に基づきペルーは、「国際標準」を用いていないとして協議したが解決できず、ＷＴＯで協議が不成立のときに利用できる、司法的な手続きに移った。２００１年に司法的な処理をするパネルを設け、両者の紛争の処理に当たった。

ペルーが主張する国際標準とは、ＦＡＯ／ＷＨＯの合同食品委員会（Ｃｏｄｅｘ標準を作成している）によるもので、イワシの缶詰について次のように定めている。イワシの缶詰には21種類のイワシが使われ、欧州産もペルー産もこの中に含まれる。また表示に関しては、欧州産のものは「イワシ」とし、他の種類のものは、「イワシ」のほかに国名、種族を表示するとしている。

パネルは、ＥＵが「国際標準」に従っていないとしたが、すぐには解決せず、上級の司法委員会を設けて、裁定が下された。ペルー産のイワシの缶詰は、国名と種類を同時に表示することとし、またＥＵも表示規則を改め問題の解決が図られた[7]。

缶詰については、イワシのみでなく、マグロの缶詰を巡る米国とメキシコの争いもある。第3章で触れた、メキシコのマグロの缶詰の輸出の件である。イルカを守る捕獲の仕方が、国際標準で定められているかどうかが、論争の一つの焦点であるが、メキシコは「国際的イルカ保全プログラムに関する協定」（ＡＩＤＣＰ）での「国際標準」を守り、捕獲していると主張した。しかし、この捕獲の基準は、特定の国によるもので、ＴＢＴ委員会で定めた基準による「国際標準」ではないと、パネルの上級委員会で判断している[8]。

国際標準とは何か？

本書では、これまで国際標準という言葉を何度も使ってきたが、それはどのような標準を指していうのか？　マイクロソフトの Office のソフトは、世界中の人が使う事務処理に係わる標準であるが、これは国際標準であるのだろうか？　一方ＩＳＯが世界中に広げた組織の管理に関する標準、ＩＳＯ９０００は国際標準であると誰が決めたのか？

多くの組織がつくる国際標準やそれに近い国際的な標準がＷＴＯの仕組みの中でどのように管理され、秩序をもたせているか、すなわちガバナンスについて検討をしてきたが、一番重要な点である「国際標準とは何か」ということをあえて不問に付してきた。

（1）「国際標準」のクライテリア

先のリチウム電池の協議や缶詰の司法的な解決の例にも見られたが、国際標準とはもっぱら国際標準をつくる組織であるＩＳＯ／ＩＥＣの標準だけでなく、本来業務の一部分として標準をつくっている国連の組織などが作成するものもある。

ＷＴＯは２０００年に行なわれた、ＴＢＴ協定に基づく3年見直しで、国際標準が満たすべき6原則を定めている。すなわち、①透明性、②開放性、③公平性、④効率性と市場適合性、⑤一貫性、⑥発展途上国への配慮である。(9)

これらの原則は、自明のものが多いが、④については、報告書を見れば次のようなことが書かれている。「国際標準は、それぞれの国で、規制や市場での取引を行なう際に、有用な役に立つ内容であり、とくに科学技術の進歩を取り入れた古い技術でないこと、また特定の地域の利益に偏ったものでなく、世界中どの地域でも利用できるものであること、すなわち特定の偏った地域の関係者や意見の持ち主だけで作成されたものでないこと。また⑤の一貫性については、国際標準を作成する組織は、それぞれが作成する標準が重複をしていないこと、そのためには組織間の協力がなされること」とされている。

第3章や前節で触れたマグロの缶詰は、メキシコが主張する国際標準が④の原則から国際標準でないことが司法手続きで判断された。すなわちイルカを守るためのマグロの捕獲法（標準として文書にされたもの）を巡り、有効性や標準を利用する地域性に関して、④との関係が議論された。米国の消費者は、メキシコの主張するＡＩＤＣＰ協定の標準では、十分イルカを保護しているといえず、米国商務省の規制（すなわち捕獲法の標準）でなければイルカを守れない、したがって米国のイルカのマークは正当な理由があるとした。前節で述べたＷＴＯのパネルでは、米国の消費者の主張に沿う裁定を下したが、２０１１年、メキシコは不服として、上級委員会に提訴した。さらに、本委員会は④について、ＡＩＤＣＰ協定はメキシコ湾に関係する特定の地域の協定であり、ＴＢＴ委員会のいう④の原則から見て、その捕獲法の標準は国際標準に当たらないとしている[10]。

このように、国際標準とはどのような機関がつくるものであるか、さらに国内の規制の基礎に用いるのに有効かどうかを考えるとき、国際的な場で議論が始まると、結論を出すのは難しい。

（2） ISO／IECの有利さ

ＴＢＴ協定ができたことによって、国際標準を作成するいくつかの機関に、国際的な地位が高まる期待がもたれた。ＩＳＯ／ＩＥＣはその一つである。国際標準機関として明示的に規定されていないとはいえ、すでにＷＴＯのオブザーバーになっていること、また位置的にも歩いていける距離で、ＩＳＯ／ＩＥＣの情報センターが、各国の標準の作業計画を通報する、ＷＴＯの窓口になっていることなど、ＷＴＯと密接な関係にある。また認証制度に関しては、ＩＳＯ／ＩＥＣで適合性評価の各種の基準やガイドを体系的に整理し、道具箱として外部に提供している。もっと重要なことは、ＥＵを中心に、すでに多くの人が、ＥＵの域内統一を図るためＣＥマークなどの規制体系をつくる過程で、ＩＳＯ／ＩＥＣを国際標準機関として位置づけていることである。ＴＢＴ協定に沿いＩＳＯ／ＩＥＣの標準を利用し、なおかつＩＳＯ／ＩＥＣの場で標準を作成しようとしている。

（3）混乱する具体的な機関名

ＴＢＴ協定が発効した後、ＷＴＯの２００５年の年次報告の参考として、ＩＳＯ／ＩＥＣをはじめ49の組織が国際標準の作成機関としてあげられた（第4章の図4-2の第2象限と第3象限の標準機関を主として抽出[11]）。そのほとんどが国連の系列や各国の代表が活動する機関であり、結果的に、先の節で見たＣｏｄｅｘやＩＣＡＯはこのリストに含まれているが、ＡＩＤＣＰは含まれていない。このリストには、例外として民間の組織であるインターネットの標準を作成しているＩＥＴＦがあるが、一方、先進国の国際組織であるＯＥＣＤはリストに入っていない。化学の安全分野では、化学物質の物性などを含め、安全関係の多くの標準がＯＥＣＤにより作成されており、世界中で広く使われているにもかかわらず、である。

このリストを巡り、とくに米国から強力な反論があり、リストづくりは沙汰止みとなっている。また、現在も続いているＷＴＯの多国間貿易交渉ドーハ・ラウンドでも対象となる機関を明記するとの議論があるが、進んでいない。

国際標準を作成する機関を明記すべしというＥＵを中心とする意見と、６原則で十分とする米国を中心とする意見の二つがあり、現在に至っている。

一方、公的な国際機関によって決められた標準でなくとも、世界中の多くの人々が使い、それに依存して活動をしている標準も多くある。たとえばマイクロソフトの Office である。またインターネットに係わる多くの標準類は、ＩＥＴＦやＷ３Ｃというフォーラムなどでつくられているが、個人や企業がメンバーで、ＩＳＯ／ＩＥＣのように国を代表する機関はメンバーになっていない。しかしＷ３Ｃの標準類は、インターネットに係わる作業をするのに必要で、まさに国境を越えたサービスを受けるために不可欠なものである（注11のＷＴＯのリストに同じような性格のＩＥＴＦがあり、Ｗ３Ｃがないのもおかしい）。

また米国のＡＳＴＭのような、標準を専門につくる組織は、機械や化学分野で、とくに試験方法では優れた標準をもっており、世界中の人々が国際標準として使用している。ＡＳＴＭは設立から１１８年の歴史をもち、２０１５年の年次報告によると、1万2千以上の標準が、世界中から3万人を超える技術者が参加してつくられ、世界の国々の６５００に及ぶ強制基準に使われているとしている。[12] １カ国１代表の国連の制度を前提にするＩＳＯ／ＩＥＣに対し、個人が参加する仕組みであることが異なるが、標準の作成過程はISO／IECと同じく合意に基づいており、先の6原則を満たしている。ASTMの標準は、国際標準ではないのであろうか？

OECDの貿易委員会では、規制と貿易の問題の観点から1999年頃、TBT協定の国際標準に関係する機関の多くの調査や検討を行なった。ISO／IECのような標準を専門的に扱う機関、標準を一部の業務としている国際組織、ASTMをはじめとする標準組織、IETFのようなインターネットに係わる民間標準組織、それぞれの調査を、TBT協定の六つの原理の観点から行ない、国際標準という意味の曖昧さを指摘している。また国際貿易の割合が多い、電子電気機器と機械について、安全を確保するためにどのような国際的な標準を用いているかを、合わせて調査し、検討を行なっている。標準の実態は複雑で、標準に係わる人の理想「一つの標準、1回のテスト、あらゆるところに受け入れられる」からはほど遠いが、TBT協定の意義は大きいとしている[13]。

使う人の立場から考えてみると、ISOで決めているボルトやナットの標準も、パソコンを使うのに不可欠なソフトのWordやW3Cの標準、あるいは先進国の集まりであるOECDやASTMの化学関係の標準は、誰がつくったかにかかわりなく国際的な活動で同じように有用で便利なものである。

問題の本質は、現代の経済社会をどのように考えるかということである。1カ国を単位として世界のルールづくりを考えていくか、あるいは超国家の時代として、トーマス・フリードマンがいうように「フラット化する世界」[14]の考えに基づくかがその分かれ道である。

第二次世界大戦後にできあがった考え方、1カ国1代表（すなわち1カ国1投票の権利。米国もアフリカの小国も権利は同じ）の仕組み、すなわち国際とはそれぞれの国が主体となるとする考え方（international）が、国連に関連する組織で採用されてきた。標準づくりの場合は、それぞれの国が定めた機関が、その国の全国民を代表して、賛否の投票をするため、世界中の人が参加して国際標準がつくられるとする。しかし、先にも述べたように、できあがった標準が、作成されるまでに時間がかかり過ぎる、内容が科学技術の進歩から見て遅れていると、使用する側から問題が起ることがある。

米国の消費者が主張するように、国際標準というからには、イルカの保護に当たり、その標準の中身が、ＴＢＴ協定の6原則の④の基準で述べているように、優れていて使いものになるかどうかである。

フラット化したグローバルな社会は、情報のネットワークを見れば明らかなように、国家を超えて人とモノやサービスが自由に移動する世界（transnational）である。70年前にできあがった、それぞれの国を基に、世界の経済社会の秩序や管理をしていくには限界があり、現実的には、国や関係する標準機関が、共通の規範のもとに、相互に協力し意思決定をすることで、全体の秩序の維持を図ることが肝要である。(15)

スーパー地球時代と国際標準

ＷＴＯのＴＢＴ協定により、国が関与する規制基準については、いまだ不完全とはいえ、二十数年の運用の歴史から、しだいに経験が蓄積され、その成果が自主的な標準の分野にも浸透している。しかし政府が関与できない、いくつかの分野の問題もある。

従前のGATTの時代は、経済的な取引の効率性を主として重視したため、環境保護の目的から、国際的な紛争が起った場合、経済を優先する決着に始終した。しかし1995年にWTOが設立されたとき、従来の経済的な国際取引のみでなく「持続的発展」を目的とすることを前文に入れた。またWTOのルールでは、それぞれの国がメンバーであるため、多くのNGOのラベリングやマークの制度は、WTOの統治の対象にならない。このような背景から、とくに持続的発展に係わるラベルの問題は、ドーハ・ラウンドでのアジェンダにし、「環境と貿易委員会」でルールができるはずであった。しかしながら、ドーハ・ラウンド全体の交渉が停滞していることや、ラベリングのルールづくりに賛成派の欧州と、米国および発展途上国が対立しているため議論が停滞しているというのが現状である。

このようなWTOでのドーハ・ラウンドの行きづまりから、二つの流れが生じた。

一つは、世界全体の合意を要するWTOの交渉から離れて、それぞれの国が、地域で協定を結びその中で問題を解決していこうという動きである。WTOの報告によると、TBT協定ができて以来、283の地域協定ができあがり、そのうち171のものが、TBT協定に類する仕組みをもっている。地域に密着した問題の解決や、秩序の維持を目指しているが、ほとんどのものはTBT協定の中身を前に進めたものではないとしている[16]。

もう一つは、第3章で述べたように、NGOや企業の工業会や集まりによる持続的発展のための自主規制である。1990年代になり、持続的発展の必要性や、油濁、環境ホルモン問題など、それらの問題の解決は緊急性を要し、NGOは自主的なソフトな規制の仕組みづくりを急ごうとし、森林や漁業資源の保全の認証スキームなどができた。このような動きに刺激され、産業界は、持続的発展のための国際的な企業集団の組織をつくり、自らの管理下で使命を達成するため自主管理のスキームを多くつくった。これらは、それぞれの国の管理の対象にならず、体系的なガバナンス、すなわち管理のメカニズムをどのように考えるかは大きな問題である。

しかしTBT協定の20年を超える運用の成果であるよき前例を、NGOや企業のスキームに反映するような動きや、ISO／IECでの適合性評価のルールと整合させるきざしが出てきている。また森林関連、海洋資源関連、発展途上国の農産物などの公正な取引を目指すNGOからなる12の組織がISEAL（国際社会環境認定表示連合）という組織をつくり、統一された行動基準のもとに相互にISOの標準と整合化を図る、などである。

また本章の冒頭で、自由な市場経済の考え方に基づき、多様化し、複雑化する標準群は、競争により淘汰され、必要とされる標準だけが生き残る市場の調整機能が重要であるとした。この調整機能は、NGOの監視によって、「地球にやさしい」などの心地よい表現のみで、実質がないものは、そのスキームや組織が公にさらされ淘汰される現象が起りつつある。

注

（1）アボットらは、第3章の85頁で述べた標準のスキーム・オーナーごとに、ガバナンスについて四つに分類をして分析している。すなわち、多くの国際標準が、種類ごとにそれぞれ自己完結的にガバナンスがあるとしている。K.W. Abbott *et al.*, "International Standards and International Governance," *Journal of European Public Policy*, Vol. 8, No. 3, Special issue, 2010, 345–370.

（2）中川淳司『ＷＴＯ――貿易自由化を超えて』岩波新書、２０１３年。

（3）経済産業省「２０１５年版不公正貿易報告書」第11章　基準認証。

（4）E. Wijkstrom *et al.*, "International Standards and the WTO TBT Agreement: Improving Governance for Regulatory Alignment," *Staff Working Paper ERSD*, WTO, 2013–06.

（5）WTO, Seventh Triennial Review of the Operation and Implementation of the Agreement of Technical Barriers to Trade under Article, 15.4 G/TBT/37, WTO, 2015.

（6）リチウム電池の件は、前掲、「２０１５年版不公正貿易報告書」などを参考にした。

（7）Wijkstrom *et al.*, op. cit.

（8）内記香子『米国――マグロラベリング事件（メキシコ）ＤＳ３８１――ＴＢＴ紛争史における意義』経済産業研究所、２０１３年。

（9）WTO, Second Triennial Review of the Operation and Implementation of the Agreement of Technical Barriers to Trade G/TBT/9, 2000.

（10）内記、前掲書。

（11）WTO, "World Standards Service Network Lists of International Standards List," *World Trade Report*, 2005, Appendix Table, p.120. このリストを基に、第４章の図４－２の第２象限、ＩＳＯ／ＩＥＣなどと欧州の世界的標準機関と、第３象限の国連系標準作成機関を作成している。

（12）J. Thomas, "Real Barriers to Trade," *ASTM Standardization News*, July 2011. ASTM, "Detailed Overviews," https://www.astm.org/ABOUT/full_overview.html（２０１６年6月現在）。

（13）ＯＥＣＤはＷＴＯ／ＴＢＴ協定の意義や国際標準を規制緩和の手段にするという視点で多くの分析やケース・スタディがある。たとえば次のようなもの。OECD, *Regulatory Co-operation for an International World*, 1994. 中邨章訳『規制の国際化』龍星出版、１９９６年。OECD, "The Use of International Standards in Technical Regulation," *OECD Trade Papers*, No.102, 2009. 全体的な優れた解説は、ＯＥＣＤ事務局に勤務した川本明による『規制改革』中公新書、１９９８年。

（14）T. Friedman, *The World is Flat: The Brief History of the Twenty-first Century*, Farrar straus & Giroux, 2005. 伏見威藩訳『フラット化する世界』日本経済新聞社、２００５年。

（15）田中正躬「グローバリゼーションと国際規格」『標準化ジャーナル』37巻、２００７年、318頁。

（16）地域協定についての分析は次の資料参照 A. C. Molina, "TBT Provision in Reginal Trade Agreements: to What Extent Do They Go beyond the WTO TBT Agreement?," *WTO Working Paper ERSD*, 2015-09.

BOX7

ＷＴＯ（世界貿易機関）と標準――国際取引の基本ルール

ＷＴＯは、世界のほとんどの国が加入しており、世界の貿易に係わるルールを定めている。

このＷＴＯで標準に係わる協定や取り決めは次の三つである。ＴＢＴ（Technical Barriers to Trade：貿易の技術的障害に関する）協定、および農業分野に関するＳＰＳ（Sanitary and Phyto-sanitary Measures：動植物の検疫に関する）協定、さらに政府調達についての取り決め(Government Procurement：政府調達）があり、いずれも「国際標準」を基本に、世界の標準や適合性評価の仕組み、すなわちガバナンスを考えようとするものである。TBT協定を中心に、できあがった背景や意義を見てみよう。

背景

先進国では工業製品の関税はほとんどゼロになっているが、完全に自由な貿易が保証されるというわけではなく、各国の標準制度や適合性評価手続きなどの「非関税障壁」が貿易障害となることが、1980年頃から、しだいに認識されるようになった。すなわち輸出者にとって、製品を輸出先国で売り込むには、輸出先国の標準に製品を合わせ、かつ、製品が当該標準に適合していることを証明する必要がでてきた。しかし標準や適合性評価の制度が、不透明であったり差別的であったりすると、製品を輸出しようにも標準に合わせることも適合性評価もできないことが懸念された。

貿易の技術的障害について協定（スタンダード・コード）が1980年にできた。さらにこの協定を発展継承し、より包括的な国際的枠組みとして、1995年にTBT協定が発効された。

表6－1にあるように、本協定は各国の標準や適合性評価の制度が、正当な目的（安全、健康保護など）を達成するために必要である以上に、貿易制限的でないことを義務づけている。

また協定の内容については、GATT時代からの大原則である、最恵国待遇と内外の無差別化を条文で明記している。

協定の意義

（1）WTOの下では、TBT協定も包括的なWTO協定の一部とされているので、WTO加盟国はすべてTBT協定も遵守しなければならない。

（2）広く工業品だけでなく農産品も含み、表6－1にあるように、強制標準だけでなく任意標準さらに適合性評価をも対象とし、適合マークやラベル、包装などもその対象としている。
(3) 世界の国々は、原則として、国際標準に整合することに合意し、世界が標準の統一に向けて動き出したことにある。これまでは、国際標準とは関係なく、任意に標準や基準類を利用して、企業活動が行なえたが、今後は国際標準と無関係に企業活動を行なうことは国内でも困難になるということである。

別の協定として、1995年以降、政府調達、すなわち国の関係機関が商品を購入する際にも、TBT協定と同趣旨の規定が設けられており、「国際標準」に基づく調達を義務づけている。

第7章　技術進歩への影響──停滞か促進か

ダーウィンの進化論に異議を唱え、『パンダの親指』の著書のある、スティーブン・グールドは、ISO標準になっているQWERTYのタイプライターのキーボードの配列を取り上げ、人間の社会にも、生物に似て、長い歴史を乗り越え、非効率なものが生き続けることがあると指摘している。パンダの指は多くの動物と同じく、生物学的には5本の指をもっているが、笹が主食であるため、5本では笹をうまくつかめず、笹を握ったり、食べたりするために、親指の付け根が発達して、6本目の親指ができた。動物の進化は、過去の進化を遺伝子としてそのまま引き継ぐため、5本の指を前提にせざるを得ない。効率のよい指の仕組みをつくるため、時間を巻き戻し、再度進化の過程をへて、6本の指をつくることはできず、非効率ではあるが、笹を食べるためには6本目の指らしきものができあがったとしている。グールドによると、人工的にできあがっている文明の機器や道具は、より効率の良さを求め、必要があれば最初に戻り、その時点で最適な技術を組み合わせ、過去を引きずらず作成したものが多く、「パンダの親指」とはいい対照をなしているとしている[1]。そして、例外的なものとして、100年以上にもわたり、それより効率的な配列があるにもかかわらず、QWERTY配列が残るという、生物の進化に類似する例をグールドは取り上げた。

標準は、ある期間、技術の変化を固定し、他の技術の選択肢を排除した内容をもつため、一度標準になると、それを基に経済社会の仕組みができあがる。そのため非効率になってしまう例が多く見られる[2]。しかし一方、標準は互換性や相互の運用を可能にするため、新しく市場に出す商品の設計を行なう際に標準を用いることができる。すでにできあがっている社会の技術の体系に、うまく商品を適応させることができることが予測でき、意思決定を行なうときにリスク評価の負担を軽減し、技術進歩に貢献するという意見もある。

本章では、このような標準と技術進歩の係わりを取り上げるが、最初にグールドが問題にしたキーボードのQWERTY配列を見る。次に比較の対象として、技術変化の激しい情報通信分野での、動画の圧縮（MPEG）標準について見てみることにする。

さらに、問題を一般化し、技術革新と標準の問題を取り上げ、とりわけ新しい技術分野であるナノテクノロジーの標準化の意義を見てみたい。そして最後に、技術変化のどの時点で標準化に取り組むべきかを検討する。

タイプライターとQWERTY配列

字を早くきれいに書くことは、古来、人々の長い願望であった。夢が実現したのは19世紀の中ごろのタイプライターの出現である。タイプライターはその後長い間、人が書類を作成することに使われた。今では多くの人がパソコンを使い、キーボードで入力して文章を書くようになった。パソコンが普及するにつれ、入力装置やプリンターなどの周辺機器は、著しい進歩を遂げ技術の内容は大きく変わったが、キーボードは、QWERTY（以下「Q」という）配列が長い間主流となり現在に至っている。

もう少し早く入力できる配置が現れたにもかかわらず、IBMが新しい概念のゴルフボール式タイプライター[3]を導入したときも、Appleがパソコンを商業化したときも、より非効率な「Q」配列がなぜか維持されてきた。

（1）タイプライターの出現

1873年、レミントン社がクリストファー・ショールズの特許を基に、世界最初のタイプライターの工業生産を始めた。ミルウオーキーで新聞の編集を行なっていたショールズは、1868年、電報のキーからヒントを得て特許を出願した。レミントン社は、当時南北戦争で、武器の生産を行ない成長した企業で、多角化戦略の一環としてミシンやタイプライターの生産を手がけた。

できあがったタイプライターは、最初、大文字のみをタイプできるものであった。器械の中に紙を入れ、打ち終わってから紙を取り出すため、タイプの途中で打った字体は見えなかった。また、このタイプライターの活字棒は、隣り合うキーボードが急速に連続して打たれると、活字棒同士が衝突して動かなくなった。また打ち終わって紙を取り出してみると、活字棒が絡まり、きれいに打てていないことがよく起った。衝突を避けるため、よく使われる文字であるEなどの配置を工夫して、打つスピードを速くするよりも、故障を少なくするように配列を考えた。試行錯誤の末、この最初のタイプライターのキーボードは「Q」配列になった。その後1世紀にあまる時間の中で、タイプライターには多くの工夫がなされ、パソコンが現れる前まで、電動式やＩＢＭのゴルフボール式機種などをへて進歩を遂げることになるが、収斂する機能は次の四つの点であった。

(1) 当初はタイプした紙が内側にあり見えなかったが、紙の印字を見ながら打てるようになった。

(2) キーボードの列は、2列から4列以上のものが現れ、4列に収斂した。

(3) シフトキーで大文字と小文字が打てるようになった。

(4) キーの打ち方は当初、右と左の指1本ずつ2本指で拾い打ち、あるいは4本の指を使うなどがあったが、機械の進歩により8本の指で打てるブラインド・タッチになった。

しかしキーボード配列は、この「技術進歩」を遂げる中でいろいろなものが現れ、当初大きい問題であったキーの衝突による故障も、機械的な進歩により心配しなくてもよくなった。このような周辺の進歩にもかかわらず、「Q」配列がキーボードの配列として多くの場合用いられた。大きな疑問は、「Q」

表7-1　キーボードの配列の主な出来事

1873年	ショールズの特許を基に、レミントン社がタイプライターを企業化。そのキーボードの配列はQWERTY（その後多くの配列が現れる）。
1888年	米国のシンシナティーでタイピング・コンテスト。QWERTY配列のレミントン社が勝利。
1893年	ブリッケンスデルファー社が、Scientific配列のタイプライターを販売開始。
1894年	レミントン社を中心とする5社が合併。
1933年	IBMが電動式で参入。
1936年	ドヴォラックが特許。指の動きを少なくし、両手のバランスをよくする。早く打て、1週間程度で習得できる。
1960年	IBMのゴルフボール式タイプライター発売。パソコン時代になってもQWERTY配列に“lock-in”。

配列がより効率よく打てる配列の挑戦を退け、生き延びたことである。

表7－1にキーボードの配列にまつわる出来事をまとめてある。この表を見ながら論を進める。

(2) Scientific（以下「S」という）配列と早打ちコンテスト

米国のジョージ・ブリッケンスデルファーは、1880年代に多くの工夫を凝らしたタイプライターを製作したが、キーボードの配列についても科学的な分析を行ない、より早く打てる配列を考え出した。D、H、I、A、T、E、N、S、O、Rで英文の75%をカバーできることを見出し、この部分を、3段の配列の一番下の列に並べた。この当時2本の指で拾い打ちをしていたため、一番下の列によく用いるキーを置いたのである。1893年、彼の会社は、3段シフト（後のIBMのフォントを変えられるゴルフボール式機種のように、キーごとに3種類の文字が打てた）の28キーのタイプライターを発売しはじめた。この配列のタイプライターは、1917年まで売られ、やがて市場から消えた。「S」配列は一つの例であるが、そのほかにもキーボードの配列について、いくつかのアイディアが出された。

「Q」配列を決定づけたとされるものは、1888年に米国のシンシナティーで行なわれたタイプライターの早打ちコンテストである。このコンテストでは、キーボードの配置などそれぞれが工夫をし、競争が行なわれた。早打ちのチャンピオンは、レミントン社の「Q」配列によるタイプライターを用い、キーボードを見ずに、8本の指を使うブラインド・タッチでキーを打った。コンテストに参加する人々は、たとえば6列のキーボードで、大文字と小文字はキーボードの上段と下段に分かれ、かつシフトキーがない機種などを用い、あるいは2本の指や4本の指で打つなど打ち方も異なったが、多くは「Q」配列とは異なる配列のタイプライターを用いて速さを競った。

このようなコンテストは、タイプライターの製造会社の性能の競争でもあったため、レミントン社は「Q」配列のタイプライターを用いたコンテストの勝利を喧伝した。この当時コンテストは1分間に何字打てるかという内容で、商品価値を高める有力なセールスポイントであった。

ブラインド・タッチは、一番下の列に「S」のような配列をしなくても、「Q」のままで早く打てる方法であり、むしろ早く打つための秘訣は、今でもそうであるように、拾い打ちからブラインド・タッチ方式へと移ることである。

重要な事実は、速さを左右するコンテストでいい成績を収めたことで、レミントン社の「Q」配列が評価され、その後、より効率的な配列が現れたにもかかわらず、そのまま残り続けたことである。

「なぜ「Q」配列に収斂したか」については、1984年のポール・デイビッドの論文[4]以降多くの研究がなされ、ブラインド・タッチ方式によるコンテストの早打ち競争の勝利以外にも、次のような興味のある出来事についての説明がある。

（3）企業合同と「Q」配列

当時レミントン社の強敵であった他の会社は、異なるキーボード配列を用い、打つスピードで勝るタイピストを喧伝した。すなわち「Q」配列が決定的な勝利を得たわけでもなかった。しかし1893年、上位5社のタイプライター企業が合併され、業界の寡占化が進む過程で、代理店や特許の融通が行なわれ、キーボード配列も各社異なっていたものを、合理化のため「Q」配列に統一し、市場の大部分が「Q」配列になっていった。[5]

1900年に発売を始めたアンダーウッド社のタイプライターは、それまでのものと異なり、打った字体が直接見える商品を発売し、20世紀初頭にもっとも多く売れた。アンダーウッド社の戦略は、レミントン社と同じ配列にした商品を販売することで、レミントン社のタイプライターを使用している人々を自社のものに移行させようとしたことである。この企業戦略はますます「Q」配列を広めることとなった。

（QWERTY 配列）

（ドヴォラック（Dvorak）配列）

図7-1　キーボードの配列と列の使用比率

出典：R. Parkinson, *Computers and Automation*, Vol. 21, 1972, 18-25.

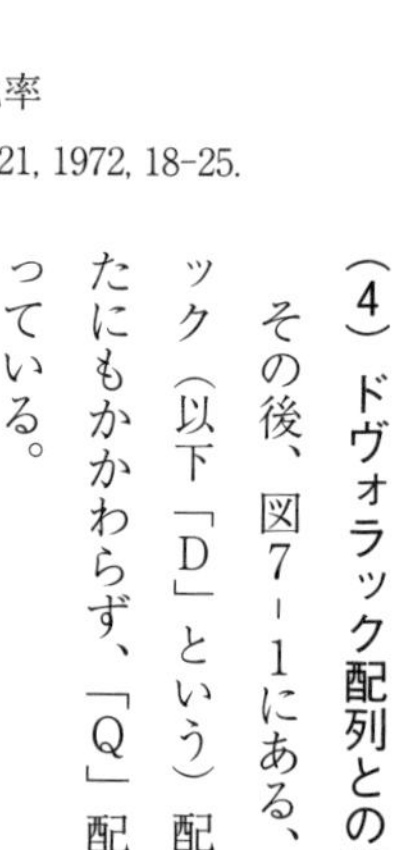

（4）ドヴォラック配列との競争

その後、図7－1にある、より効率的なドヴォラック（以下「D」という）配列のキーボードが現れたにもかかわらず、「Q」配列は、現在まで生き残っている。

オーガスト・ドヴォラックは時間と指の動作の工学研究から、図7－1のような配置を特許とし、1936年、効率的なキーボードの配列について人間工学的に分析し解説した本を出した。多くの研究者は、「Q」と「D」配列を比較、評価をし、「D」配列が優れているとする。(6)

まず第一の理由は、「D」配列は、タイピングのリズムを速めるため、配列と動きの無駄がないとする。「D」配列は、タイプライターのホーム列（下から二番目の列）に、使用頻度の多い文字が配置されている。連続して用いられることの少ない文字は、キーの上部の列と下部の列に置かれている。タイピングのおよそ70％は、ホーム列で行なわれ、列から列へと飛び越すことが少ない。一方「Q」配列は、タイピングの32％がホーム列で行なわれ、上部の列で52％と多く、下部の列が16％で、ホーム列から移動することが多くなる。

二番目は、手の動きの無駄に関する点である。「D」配列は、一方の手の指がキーを打っているとき、他の手の指は次のキーを打つための位置に移動させることができる。交互に手を使うことにより、母音（タイプされる文字の40％）は左手側に、そして、通常これらの母音に続く多くの子音はキーボードの右手側に配置されている。「D」配列は、列間の手の移動が少ないのに対し、「Q」配列は、ホームと上部列との間の移動が多い。熟練したタイピストの指先は、1日に18km以上列から列へと動く。これらの不必要な複雑な動きは、精神的緊張をもたらし、タイピストを疲れさせ、そしてより多くの誤りをもたらす。

より効率性のよい「D」配列は米国の海軍で実際に使うための実験が行なわれ、「Q」配列に比べて20から40％効率が上がり、タイピストの養成コストが半分になるとドヴォラックは主張した。このテイラー主義の典型であるような効率性の評価はその後、多くの人が再評価を行ない、ドヴォラックが主張するほどには効率的ではないとしても、顕著な違いがあるとしている。

(5) 歴史の経路が重要か

デイビッドの「Q」配列の論文以降二十数年間にわたり、非効率な技術が効率的な技術へと移行しない、あるいは歴史的にある時点で選択された一つの技術が生き残り、競合するものへと変化しにくいのはなぜか？　という問について、技術の選択と代替は「歴史的な経路に依存する」（path dependence）という考え方により説明され[7]、多くの研究がなされた。歴史的な偶然の小さい出来事から選択された技術（ショールズの特許で企業化するとき、機械の技術やタイプライターの周辺技術が発達していなかったため、衝突を避けることが当時の重要事項で「Q」配列を選んだ）が、取り巻く技術の状況が変わってもそのまま生き残ったわけである。

またシンシナティーのコンテストで、当時珍しかったブラインド・タッチの技術をもっていなかったとしたら、「Q」配列をもつレミントン社のタイプライターは優勝できず、広まらなかったかもしれない。歴史に「もし」はないけれども、「S」配列を考えた時期が、１８９４年のレミントン社を中心とする上位5社の合併のかなり前であったなら、市場占拠率の大きい企業による「Q」配列の採用はなく、キーボードが28個しかない「S」配列をもつポータブルなタイプライターを選んだかもしれない。最初の企業化時の「Q」配列の選択、シンシナティーのコンテスト、「S」配列が現れた時期と大合併の時期のずれといった、後から見れば、歴史の中の出来事が、技術の変化の経路を決めていったということであろう。

「D」配列が、20世紀になって現れたのは、テイラー主義が広がる一環として考えることができるが、その効率の改善では、ネットワーク経済の力（多くの人が使う標準が勝利する、第4章ＢＯＸ4参照）や人々の保守性に勝利できなかった。

デイビッドが「歴史が問題だ」(history matters) と述べたことは、多くの深い考察を必要とさせる。

MPEG標準と技術変化

技術変化の著しい情報通信の分野では、次々と新技術が現れ、新しい商品や関連する標準ができあがる。多くは市場の競争で淘汰され、消えていくが、いくつかの標準は、改定を重ね、多くの分野で使われている。第4章で見た、ブリデルが分析したパソコンに使われている251の標準は、情報通信分野の激しい技術革新の波の中で活躍している標準群である。その中に、公的な標準であるISO/IECが作成したMPEG標準がある。

MPEG標準は、コンピューター、通信、放送、CD-ROMやDVDなどの蓄積メディアの分野で共通に用いられる、ディジタル動画の圧縮技術に関する標準であり、1992年にISO/IEC標準ができ、その後四半世紀にわたり、急速な情報通信技術の発展の中で、次々と対象分野を広げ、ますます重要な標準として位置づけられている。

先にQWERTY配列で見たような、標準づくりに伴う「技術の固定化」を、どのように工夫を凝らし、克服したかを見てみることにしよう。

文字、図形、音声、映像などで表現される情報メディアは、DVDに蓄積したり、通信や放送メディアを通じて、伝達される。伝達には、電話の音声のようなものから、ハイヴィジョンテレビ(HDTV)

の画像まで多様で、扱う情報量が異なる。ＨＤＴＶは、電話に比べ、２万倍の情報量をもっており、そのままでは現在の回線で伝送するには不可能で、情報を圧縮することが不可欠である。ＭＰＥＧ標準のお蔭で、テレビ電話の高速ディジタル回線を、圧縮技術により大幅にコストを下げることで利用でき、録画した映像をディジタル化し、圧縮することにより音楽用ＣＤに入れることができる。さらに、１９９０年代に入り、ディジタル技術が普及するとともに、YouTubeなどの動画が日常生活に行き渡った。ＭＰＥＧ標準は、どのようにこのような課題に対応してきたかを具体的に見てみよう。

(1) ＭＰＥＧ標準の内容

映像や音声を、実質的な性質を保ったまま、データ量を減らした別のデータに変換し、それを元に復元したときに、完全には元に戻らないが、人間があまり強く意識しない成分を削減することでデータを圧縮することができる。たとえば、画像に対し、小さな色の変化は、輝度の変化ほど認識されない。また音声も、大きな音があるときに、小さい音はあまり認識できない。この性質を利用し、映像や音声のデータを数学的に処理し、人間があまり認識できない部分を削除してしまっても、復元して映像を見たり、音声を聞いたりするとき、人の印象には大きな差は現れない。しかし削除する範囲が大きければ、元のデータと復元したものとの差は大きくなり、違いに気がつく人が多くなる。この本質的でない部分を丸める圧縮と情報の喪失はトレードオフの関係にある。

このような人の感覚を考慮して、次のような圧縮方法が考えられた(8)。

①　画面の中の細かいメッシュの相互関係を利用した圧縮

同じ画面内を小さなメッシュに分けたとき、その各部分がどれだけ周りと異なっているかが鍵となる。青空が大部分の画面と、建物や人が密集した詳細な画面では、前者はほとんどのメッシュは同じと考え、後者はそれぞれ異なるメッシュが多いと考える。このような空間的な細かいメッシュと、その周りとの異なりを、人の感覚を考慮して、数学的に処理し、本質的でない部分を丸めることができる。

②　時間的に画面が変わるときの圧縮

動画は、少しずつ異なる画面を、次々と表示することにより、連続しているように見せているが、前画面と比較して、変化している部分だけを必要な情報とし、他の部分は省略する。これにより、次に送られてくる画面の不必要な部分をなくすることができる。

③　データに現れる符号の頻度の違いによる圧縮

モールス信号は、よく出てくるアルファベットに短い音を割り当て、あまり出てこないものに、長い音を割り当てることにより、電信時間を減らしている。圧縮するデータの符号にも同じ考え方で出現確率の高い順に短い符号を割り当てることにより、圧縮が可能になる。

ＭＰＥＧ標準は、映像、音声、図形などをディジタル符号に変え、上記のように数学的に処理できる圧縮したデータを、同じように数学的な復元を行なう手順を定式化したもの（アルゴリズム）で、その手順に沿って処理すれば、誰が行なっても同じ結果が得られる技術文書である。

どの程度圧縮すると情報のロスが起るかは、ＭＰＥＧ標準を利用した情報メディアをつくる企業の裁量に任されているが、異なった企業の情報機器でも、ＭＰＥＧ標準を利用した情報メディアであれば、復元が可能で、標準の特性である相互運用ができる。先に第1章のＢＯＸ1で述べた性能標準に当たるもので、それぞれの企業の商品としての情報メディアは、特定の技術的な特性をもつが、機能、すなわち標準によりアルゴリズムが同じであるため、相互運用が可能なわけである。

(2) MPEG標準の作成

図７－２にＭＰＥＧの標準作成の経過を示している。電気通信関係の標準を作成している国際標準機関（ＩＴＵ）と、ＩＳＯ／ＩＥＣによってＭＰＥＧ標準が作成されることになる。図にあるように、共通のテキストとしているが、実質的には同じ内容の標準を、それぞれの標準機関が自らの標準として発行している。また、図７－２は、時代を経るとともに、時代の要請に応えるよう、伝送速度の速い分野に適応できる標準を発行していることがわかる。

圧縮技術に係わる標準は、電話音声のディジタル伝送が１９６０年代に実用化されたとき、音声の符号化がなされ、圧縮の処理をする標準が、ＩＴＵでつくられたことに端を発する。放送、電話、オーディオ関係の蓄積メディアが、ディジタル技術で統一的に扱われるようになった１９８０年代後半までは、

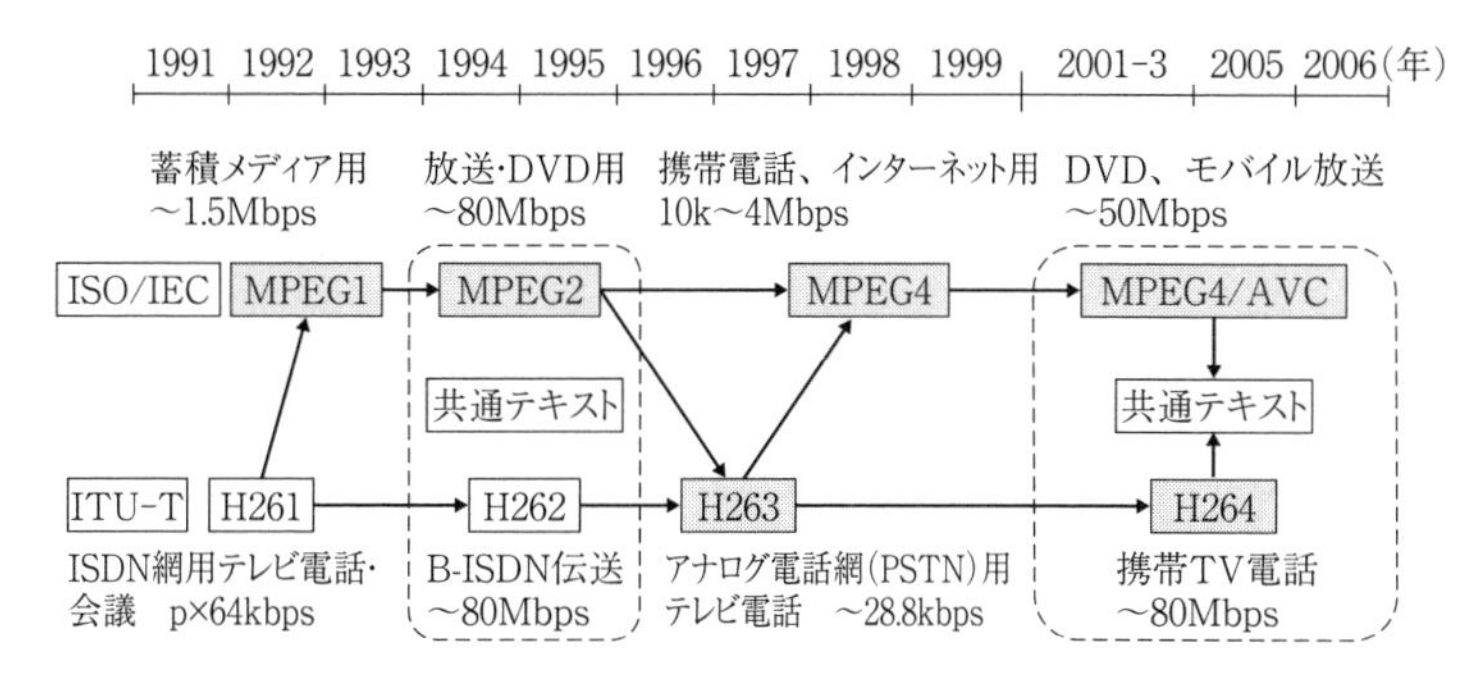

MPEG: Moving Picture Expert Group 動画専門家グループ
Mbps: Mega bits per second 1秒間に100万ビット伝送する能力
ISDN: Intergrated Services Digital Network サービス総合ディジタル網
AVC: Advanced Video Coding、MPEG4/AVCは本標準による録画のこと

図7-2 MPEG 標準化の経過

出典：池田宏明ほか『画像・映像圧縮（JPEG/MPEG）マルチメディアの基盤である画像や映像に関する技術と関連国際規格』標準化教育プログラム、日本規格協会，2007 を基に作成

ファクシミリの符号化による圧縮の標準（1980年）、さらにテレビ電話会議に用いられる映像符号化の標準（1990年）など、ITUで標準化の作業が行なわれてきた。ディジタル技術の進展によりISO／IECでも、CD－ROMなどの蓄積メディアや家電、写真分野で圧縮の標準化が検討されるようになり、ITUとISO／IECは、合同で標準に取り組み始めた。まず写真や電子新聞などの静止画像を扱う委員会が、次に動画を扱うMPEGの委員会が設けられた。ITUで検討され、蓄積された圧縮標準の符号化やアルゴリズムの考え方はそのまま、合同委員会に引き継がれることになった。

（3）作業の開始と新しい試み

1990年に始まったMPEG2の標準をつ

くる作業は、アルゴリズムや変換処理は図7－2にある、H261やMPEG1を引き継いだが、これまでの標準化作業の経験をふまえ、いくつか特筆すべき試みがなされた[9]。

第一に、従来の圧縮技術に関する標準は、アプリケーションごとに、対応する標準を用意する方法がとられたが、ITUとISO／IECとが共同作業を始めたときから、汎用的な符号化の標準を作成するようにした。この違いは、（1）標準をつくるとき、特定の用途を考え、仕様を決めていく仕様標準と、（2）必要な性能を決め、その性能を満たすやり方は一つでなく、いろいろなものがあるが、実際に用いたときに、性能や相互運用で問題が起らない性能標準に対応するようにする。すなわち1980年代の後半になり、ISO／IECで多くの技術分野に用いられるようになった性能標準のつくり方にならった（BOX2参照）。

第二は、標準の中身を作成するに当たり、コンテスト方式を用いたことである。MPEGは、多くの情報関連企業がその技術開発に取り組み、多くの提案がなされたが、それらを評価するため、評価試験を行なった。作業を円滑にするため、テスト・モデルと呼ばれる符号化モデルがつくられ、新たな提案や、改善すべき点を明らかにした。提案期間を決め、多くの組織から提出された30方式を、実際に評価試験を行ない、符号化画質の品質が定量的に評価された。この結果として、数学的なアルゴリズムを構成する内容が決定されていくことになった。次々とテスト・モデルがつくられ、そのたびに試験で確認すべき項目が明らかにされ、最終的なテスト・モデルが標準案となった。テスト・モデルは、提案技術を評価するもので、できあがった標準では設計の自由に任せられている部分（たとえば、符号化の制御部分など）が含まれる。多くの組織がコンテストに参加することによる、試験結果への寄与があり、急速に標準づくりの作業は進展し、映像符号化のための要求事項が4年間の努力により決まった。

その後、図7－2にあるように、携帯電話やインターネットで使われるMPEG4の標準作業に向かうことになったが、MPEG2の大きな考え方を踏襲して、標準づくりが行なわれている。

QWERTY配列の標準は、タイプライターの活字棒の衝突を避けるために、レミントン社で設計されたものであり、MPEGとは時代も異なり比較にならないが、「技術の固定化」への教訓がある。「Q」配列の標準は、仕様を明確に決める伝統的な標準のつくり方であるのに対し、MPEGは性能標準になっているため、技術の内容が異なっても、標準の内容であるアルゴリズムに従えば、相互運用が可能であり、弾力的に多くの使用に対応できる。

また、つねに技術変化が起っている情報通信分野で、多くの組織の提案を受け入れ、それを評価するという開発型の標準づくりをしていることは注目すべき点である。新しい技術を取り入れる仕組みが内包されているからである。多くの標準は、現時点で、過去の技術を体系的に見直し評価し、技術の変化を一時止めた状態にして、その内容が作成される。MPEGの標準づくりは、情報通信の激しい技術変化を前提に、開発型の標準づくりを切り開いた、一つの例といえる。

（4）MPEG標準のイノベーションへの貢献

MPEG2の標準は、たんに標準の内容を弾力的に適応できるようにしたこと、また開発型の標準づくりをしたことだけではない。冒頭にも述べたように、この標準に従えば、多くの情報メディアとの相互運用が可能になるため、新しく市場に出す商品の設計を行なうとき、便利である。すなわちすでにできている社会の技術の体系に、うまく商品が適応できることが予測でき、研究開発のリスクを軽減し、商品化することを可能とした。このようにＭＰＥＧ標準により、多くのマルチメディア関連の新商品を市場に出すことが可能になり、技術進歩に貢献したといえる。

さらに、ＭＰＥＧ２に関しては、多くの特許を持つ企業間の技術が輻輳（ふくそう）し、相互の権利が独立してしまっては、技術の実用化が難しくなる「特許の藪」の問題があった[10]。ＭＰＥＧ２の標準化作業の途中の１９９３年に、多くの特許を調査し、パテント・プールへとつながるＭＰＥＧ知財グループが、標準化作業とは別に設立された。１９９４年には、相互運用に不可欠な特許をもつ９社が決定され、１９９６年には、パテント・プールのための組織が設立され、１９９７年から一括したライセンスがなされるようになった[11]。このような特許の問題を解決できたのは、ＭＰＥＧ２の標準化の作業の中で、関連する企業の意識が高まったことからの産物である。

標準と技術革新

ヨーゼフ・シュムペーターは、企業家によるイノベーションの過程を、絶えることのない創造的破壊とした。研究開発により新しく生み出された技術の束は、新商品やサービスを開発し、それを商品化し、製造する方法も変えてゆく。商品を提供する組織も新しいものに変わり、古い秩序を破壊してゆくとした。事実、新しい技術の束の波は、過去の歴史をシュムペーターのいうように変えてきた。しかしすでに見たように、過去1世紀以上にわたる大きな技術変革の中で、もう少し効率のよい代替があるにもかかわらずQWERTY配列は静かに生き残ってきた。MPEGの標準は、長期間で見ると、どのような運命が待っているかはわからないが、新しい研究要素を取り入れ、性能を規定する方法を用いた標準であることで、技術の新しい波に対し弾力的になっている点が、「Q」配列の場合と異なる。

そもそも、標準自身が、技術の変化にどのような役割をしているかを、次に考えてみることとしたい。

(1) 開発技術と標準

研究開発は、市場での商業化に結びつく、新しい知識を生み出す。しかしこの新しい知識は、研究を行なう組織や、それが関連する学問的な考え方や言葉、すなわち研究に関連する同業者の取り決めや習慣に沿ったもので、多くの素人には暗号とも思える記号に満ちている。

この研究開発によって得られた、いわば「暗黙の知識」を商品化するためには、市場で使われる、使用者をも巻き込んだ商品の技術仕様となる、日常的に使われるコード化した知識の体系、すなわち技術仕様としての「標準」が必要である。

タイプライターの例に戻ると次のようなことである。

ショールズによる電報のキーにヒントを得た知識を、キーを叩いて、文字を紙に打つという新しい商品、「タイプライター」に変えるためには、電信の装置とは異なる、社会との接点となる技術仕様のコードが必要である。インク・リボンと紙の相性や、キーボードのバーの絡みを調整し、人々が使いやすい商品に変換する技術仕様、すなわち、異なる知識の体系に変換することであった。

言葉を変えれば、研究や工夫によりできあがった一個の試作品を、より安定的に機能を発揮する商品とし、大量に同じ仕様の商品を社会に供給するため、「標準」はその仲立ちを果たす。要するに、標準制度は、研究開発の成果を、安定的に経済社会に生かす基盤となる環境を提供する架け橋となる。研究開発によって得られたすばらしい発想を、現実の世界に翻訳するため、商品やサービスの技術的基盤を提供するものが標準であり、標準は技術の進歩に欠かせない大きな役目を果たす。

第4章で述べた、ブリデルが分析した、パソコンに使われている251の標準の例にも同じことがいえる。パソコンを取り巻く標準の役割は、材料や部品に共通の技術を提供する。パソコンのデザインや部品の組み立てを、標準によりハードウエアを明確に定義し、MPEG標準のように映像の相互の接続、運用を可能にした。パソコンのアーキテクチャー、コンピューター言語、情報の貯蔵、検索、表示などには、多くの関係者が使用する標準が設定され、これらのインフラを用いてパソコンの開発がなされ、技術変化を促進した。現在の技術革新の時代にあっては、情報通信技術や、バイオあるいはナノテクノロジーは進歩が速く、基盤となる標準を早めに設定した方が、技術の不確実性をなくし、技術の進歩を促進する。[12] このことをナノテクノロジーを例に見てみよう。

(2) 新技術の標準化とナノテクノロジー

ナノテクノロジーの標準化の試みは、新しい科学がリードする、過去の科学技術分野とは大きく異なり、早い段階から体系的に多くの標準機関で取り上げられた。2000年のクリントン大統領の一般教書演説の中で、国家戦略としてナノテクノロジーを取り上げた時点を、政策のスタート時点とすると、ナノテクノロジーの場合は、2004年には、米国で多くの標準組織が、2005年には欧州の標準機関が検討を開始したほか、同年、ISOやIECもそれぞれ技術委員会を設けて、標準化の検討を始めた。

ナノテクノロジーの標準化はなぜこのように早く、多くの国際的な標準機関の場で検討されるようになったのか? この問は、新しい技術が新しい商品を生み出し、市場で取引されるようになるときの、標準化についての基本的な問であり、次の二つの点に一般化できると思われる。

第一に、グローバリゼーションによる国際的な標準化の要請があろう。もともと科学の分野は、国際的なつながりを特徴とするが、産業化はそれぞれの国の規制など、制度や取り組む企業の考え方の違いから、必ずしも国際的に共通の価値や考え方を共有していなかった。しかし近年の市場の急速な国際化や、ITのネットワークをはじめとする個人や組織のつながりは、国際的な共通のルールを必要とするようになった。科学の基礎的な研究は、それぞれの分野での原理原則の違いにより、学会や科学ジャーナルの異なりがつねに生じ、必ずしも用語や評価方法は共通のものとならない。科学の成果と産業化が密接に関連し、さらに国際的な市場を目指す商品化を求めはじめると、それぞれの学問分野のパラダイムの異なりは、妨げとなり、産業化のための共通の言語である標準化が必要になる。またグローバリゼーションは、産業化に参加する主体を増やし、彼らの間での競争を激しくする。他企業に負けないように早く企業化しようとするインセンティヴは、共通の評価や用語を必要とする。

第二に、新技術による商品化は、安全や環境に関する明確な基準が必要である。新しい技術は、通常商品化するに当たり、経済社会の活動に潜在的にリスクをもたらす。標準を早く設定し、公的な機関が世界的な規模で正当化することが、個々の企業にとっては、リスクの軽減の観点から、何よりもありがたい。

従来、国際的な標準機関は、安全や環境問題に取り組むに当たり、環境問題や電気安全などの評価技術や、エンジニアリング技術の標準に取り組んできた。ナノテクノロジーは、安全性に関してコンセンサスを得るには時間がかかる分野であるが、OECDや米国の政府機関と連携をしながら、取り組みを始めていることに特徴がある。しかし本章で繰り返し述べたように、標準は「技術を固定化」することにより成り立つため、新しい科学技術の知識の拡大の障害となる可能性となることも忘れてはならない。すなわち新しい技術についてどのような分野をどのようなタイミングで標準化するかが重要である。

標準化のタイミング

MITのジェームス・ウッターバック教授は、技術のライフサイクルの研究をした[13]。新しい技術によって新しい商品が市場に導入されるときは、その技術が可塑性をもっており、形態や仕組みの異なる多くの種類の商品が現れる。新技術は、初期には混沌としており、発展の経路には多くの選択肢があるが、そのうち「支配的なデザイン」(dominant design) が現れ、それに各種の技術改良や発明が収斂していき、そのデザインを中心に発達すると説明した。

本章で取り上げているタイプライターも彼の研究対象で、キーボードの配列だけでなく、シフトキーの仕組み、動力の伝え方など多くの種類が現れたが、最終的には本章で述べたようなシフトキーやキーボード配列などの「支配的なデザイン」に機能が収斂するとした。また自転車も19世紀末には、2輪だけでなく3輪、4輪、さらに前輪が大きなもの、チェーンがないときの動力の伝わり方の違いがあるものなど多種類のものが現れたが、しだいに機能は収斂して、ダイヤモンドフレーム、チェーン駆動、前輪と後輪が同じものなどに収斂した。

一方主要な機能が収斂する中で、部品をはじめとする商品の製造技術は、逆に多様性を見せ、やがて技術の成熟化とともに収斂するとして、図7-3にあるような技術変化のサイクル図を示した。

新しい技術に基づき商品が生産されはじめる段階では、生産量も少なく、技術には多くの選択肢がある。しだいに生産量が増えていくと、ウッターバックが主張するように、自己組織化により秩序ができ、しだいに主要なデザイン(すなわち標準)を変えることは難しくなる。前にも述べたように、ネットワーク経済が強く働く場合は、さらに短期間で技術が成熟していくこととなる。この図を用い、技術サイクルと標準化の関係を、いくつかの点について考えてみよう。

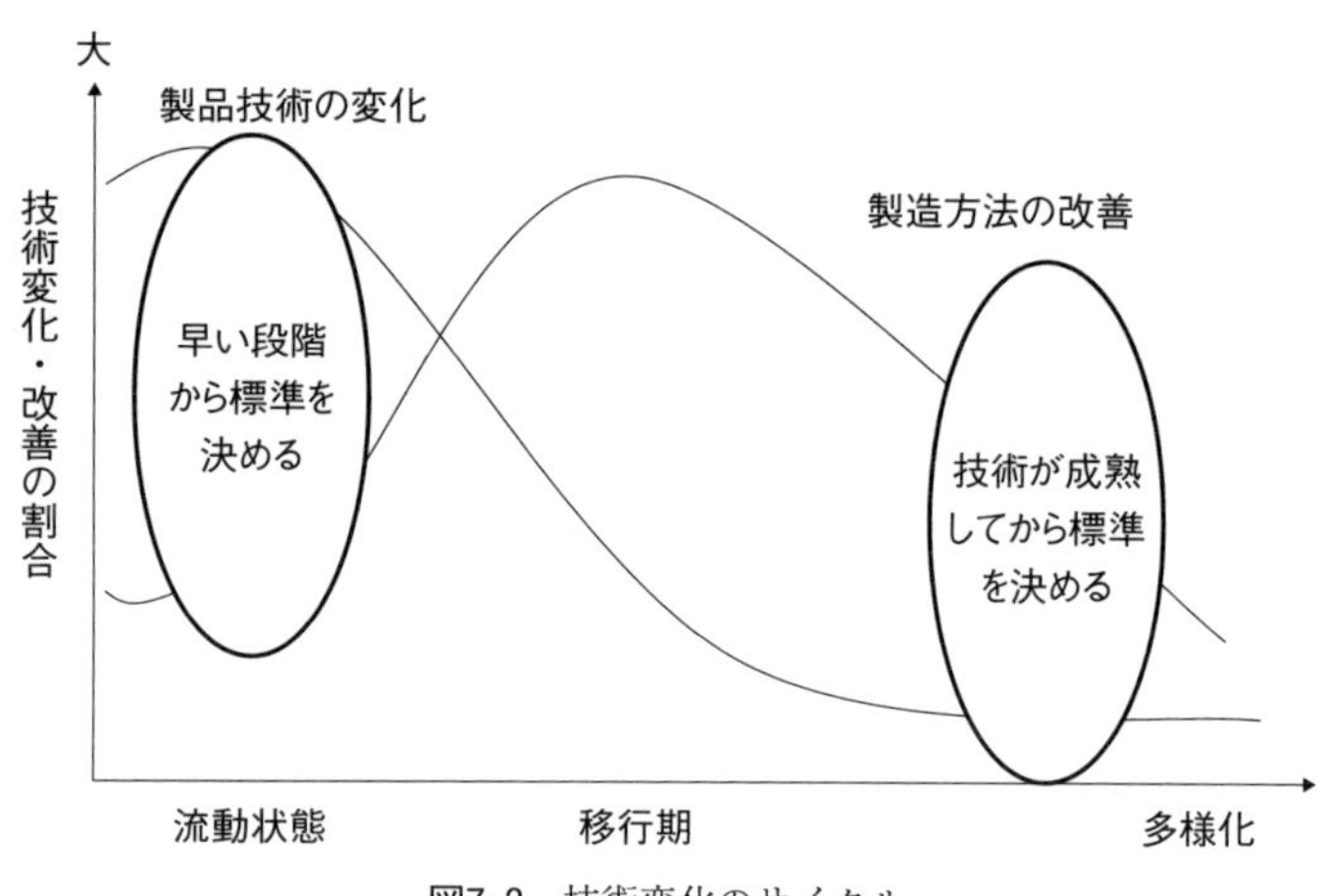

図7-3　技術変化のサイクル

出典：J. M. Utterback, *Mastering the Dynamics of Innovation, Library Congree,* Harvard University Press, 1994

(1) 互換性と相互の運用

互換性を確保するためには、技術の収斂が起る前にインターフェイス間がうまく適応できる標準を、初期の段階から決めておくと後に問題が起らない。第2章のEUの標準の統合のところ（53頁）で見た、コンセントやプラグの例を見ると明らかなように、初期のタイミングを逸すると、その後どんなに努力しても標準の統一は難しい。しかし本章で述べているように、初期の標準の設定は、技術の変化を拘束して、望ましくないとする議論がある。確かに多くの選択肢があるのに、あまり早くから標準を決めるのは問題なしとしないが、技術が普及する前にできあがったMPEGは、本章で見たように、むしろ早く、性能に着目した弾力的な標準を決めたことにより、先行きが明確になって、かえってインターネットなどの画像に係わる技術の進歩が進んだ例としてあげられる。標準化による技術変化の制約と加速の問題は一概には結論を出せないが、むしろ問題は、初期の段階とはいえ、それぞれ異なる標準をもつ当事者の間でコンセンサスができるかどうかにかかっている。

(2) 環境安全の確保

環境や安全の標準を考えてみる。過去の反省になるが、環境安全への配慮をせずに、商品の生産量を拡大しすぎたため、後に深刻な問題を生じた例がいくつかある。そのため、本格的に産業が拡大する前に、必要な環境安全の要素を取り入れた標準をつくり、そのルールの中で産業の拡大を図る方が望ましい。たとえば、ＩＳＯの高齢者の福祉器具の設計製造のガイド（標準）はその一例である。高齢者社会を迎えるに当たり、安全や使いやすさを、商品設計に配慮すべき項目として、事前に決めておこうとする標準である。電気器具のプラグの例で見たように、各国の異なる仕組みができあがると、後の時点で互換性のあるように統一するのが難しい。環境安全に係わる標準も社会の仕組みができあがった後に標準を変えようと思っても、なかなかうまくいかず、安全や環境に係わる問題であるため、社会的費用を多くかけなければいけない点が重要である。

(3) 性能と評価

技術が成熟した段階で、測定方法や性能基準を標準化することは頻繁に行なわれている。すでに技術の体系ができてしまい、各種の詳細な部分を評価するため、あるいは全体的な性能概念を整理するための標準である。同時にこのような標準は、互換性などと異なり、当事者間の共通の問題であるため、技術の成熟した段階でも、コンセンサスが得られやすい。
神の立場で、先の技術の見通しができれば、測定とか性能を早めに決めておくことも可能であるが、現実は技術の展開は予測が難しいし、先に述べた技術の発展の制約にもなる。

本章で繰り返し述べているように、技術の発展自体が非可逆的であり、一度標準ができると標準間の相互の調整が難しい。そのため、標準化は、技術がある程度成熟した段階で手をつけるのが王道であろう。ただ早めに標準化することで起る損失の可能性と、後で標準化しなかったときの社会的費用の損失とのバランスをどのようにとるかが重要である。

注

（1）S. Gould "The Panda's Thumb of Technology," *Natural History*, January, 1987, pp. 14-23.
（2）標準がネットワーク経済により、使用者をその標準に閉じ込め、他の標準へと移ることを困難にするロックイン効果をもつとされる。第4章ＢＯＸ4、標準の経済学——情報とネットワークの経済、参照。
（3）多くのタイプライターは、印字をするため、個々のアルファベットごとのアームを用い、そのアームがバスケット状になっている。ＩＢＭはアームを用いず、ボールの表面にアルファベットを並べたものを用いて印字をするタイプライターを、１９６１年に発表した。印字部分がゴルフボールに似ているため、ゴルフボール式と呼ばれた。ボールの部分は取り換えができ、異なる字体（フォント）に変えることができる。

（４）P. A. David, "Clio and the Economics of QWERTY," *American Economic Review*, Vol. 75, 1985, 332-337.

（５）安岡孝一「ＱＷＥＲＴＹ配列再考」『情報管理』48巻、2号、２００５年、5頁。

（６）多くの研究者が、比較検討して評価を加えた。たとえばE. M. Rogers, *Diffusion of Innovations*, 5th Edition, Free Press, 2003. R. Parkinson, "Dvoarak Simplified Keyboard: Forty Years of Frustration," *Computers and Automation*, Vol. 21, No. 11, 1972, 18-25 など。Parkinson によるとそれぞれの指の負担は、「Ｄ」配列による指に課せられた作業量は、それぞれ指の特性と使われる力に応じて割り当てされている。一方「Ｑ」配列は、使いにくい小指や薬指に負担がかかる。「Ｑ」配列は、左手に負担をかけすぎる。左手は、通常の原稿の57％をタイプしなければならない。「Ｄ」の場合は、右手に56％、左手に44％負担をかける。

（７）進化経済学会『進化経済学ハンドブック』共立出版、２００６年、に詳しい。

（８）圧縮のアルゴリズムの基本原理は、ＭＰＥＧのシリーズやＨ２６３で基本的に同じである。空間変換（８×８画素をブロック単位にして、離散コサイン変換（ＤＣＴ）を行ない、その係数を量子化し、高周波成分を削除する）、フレーム間予測（参照フレームを指定して、前方のフレームを、また前後2枚のフレームを利用して符号化を行なう）、エントロピー符号化（シンボルの出現頻度に応じて、長さの異なる符号を用いる）を採用している。マルチメディア通信研究会『最新ＭＰＥＧ教科書』アスキー出版社、１９９４年、第4章および第6章。

（９）ＩＴＵ－ＴとＩＳＯ／ＩＥＣの共同グループは、静止画像の専門家グループ Joint Photographic Expert Group（ＪＰＥＧ、１９８６年）、動画の専門家グループ Moving Picture Expert Group（ＭＰＥＧ、１９９０年）。

（10）L. Chiariglione「特許とＭＰＥＧの25年」『情報処理』54巻、3号、２０１３年、228－230頁。

（11）ＭＰＥＧ2は、１９９３年9月以降、１５００件以上の特許を精査し、50－60件の標準必須特許に絞り、各国の反トラスト法をクリアし、1996年にはMPEG LA LLCを設立し、一括してMPEG2関係の特許をライセンスできることになった（初期の特許実施許諾者（ライセンサー）は8社）。

（12）先端技術と標準の関係の著書は、たとえば次のようなものがある。田中正躬編著『幹細胞技術の標準化――再生医療への期待』日本規格協会、2012年。小野晃監修、田中正躬編著『最新ナノテクノロジーの国際標準化――市場展開から規制動向まで』日本規格協会、2013年。

（13）J. M. Utterback, *Mastering the Dynamics of Innovation, Library of Congree*, Harvard University Press, 1994.

BOX8

公共財――標準はどこまで公共財か

標準が技術進歩を促進するとする説は、すでに存在する標準をもとに研究開発が行なえることを前提としている。多くの人は、標準は、経済社会全体で利用するため、公共的な性格に着目して、公共財として考える。すなわち標準は、公園や行政機関のサービスのように、誰でもその恩恵に浴することができることに着目するためである。

標準は、文書化されているため、著作権に保護され、その権利をもつISOのような標準専門機関は、標準に値段を付けている。使って役に立つと考える人は、対価を払い標準を購入する。よく売れるISO9000シリーズのような標準をつくれば、標準を販売するだけで、標準機関は多くの利益を得られる。またある企業は自分たちに有利な標準をデファクト標準として社会に広めることで、商品の販売を有利にすることができるため、標準自身は無料とする。写真フィルムメーカーの大手企業コダックがリードして、フィルム、カメラ、現像、プリントなど写真に係わる多くのIS

Oの国際標準をつくり、世界中の人々が利用できるようにした。自らの企業標準とするより、公的なＩＳＯ標準として、有料にはなるが公的な性格を帯びる方がいいと考えたのである。

ところで、企業が利益を得るために製造する食べ物は、それを買った人が、食べるとなくなり、その購入者が、消費を自分のものだけにできる。企業は食べ物を製造して、利益を得る。標準は、有料のもの（ＩＳＯ９０００シリーズ）も企業や企業の集まりであるコンソシアムの定める無料のものも、標準組織や企業が、直接、間接的に利益を得ることを意図したものが多い。しかし食べ物と異なるのは、利用しても（食べても）なくならず文書として残ることである。

一方、多くの人が、利用してもなくならず、なおかつ、料金を払わなくていいものもある。公園の利用や、警察や消防のサービスのように国が税金で費用を払うものである。多くの人は、制限なく利用でき、かつ食べ物のようになくならない。このようなものを経済学では「公共財」という。

標準と同じく公共財に近いものに、高速道路や、プールなどがある。これらは、純粋の私有財でもなく、純粋の公共財でもない、準公共財ともいえる。このような財は、料金や検問所、警備員、フェンスなどにより、共有の利益を受ける人以外を排除できる。経済学では「クラブ財」とか「共有財」という。標準専門組織は、標準の対価として得た収入で、事務局で働く人や、ボランティアでいる。標準づくりを行なう専門家の御礼や旅費を出している。すなわち標準専門機関は、利益を共有できる利用者や、標準づくりに参加する人の、共通の利益を調整する機関で、標準を販売することから得られる利益は不可欠である。標準専門機関同士は、よく売れそうな標準は競って自らの組織でつくり販売しようとし、有望な先進技術では作業の重複が起る。一方、あまり収入が上がりそうのない分野では、必ずしも取り組もうとしない。また、フォーラムなど民間企業が集まってつくる標準は、標準を販売するよりも、対象とする技術を商品化し、その商品の販売で利益を上げようとする。そのため、標準自身は無料でも全体の企業活動から考えれば問題はない。それではフォーラムなどがつくる標準と標準専門機関がつくる標準が重複する場合は、どうなるか？　市場原理が働き無料の方へ動いていく。

　このような企業の経営戦略に係わる例の他にも、無料にする例が多くある。たとえば大学の教育に使う標準のように、公共の利益を考え、無料にした方が望ましい標準や、社会の慈善事業と考え、無料にするという選択もある。

　しかし重要なことは、標準は、著作権で保護されており、財の性質から、公共財とはいえず、クラブに属する人の利益を図る共有財で、有料か無料かの判断は、標準の著作権の持ち主の判断によるという点である。標準の世界の持続的な発展を考える必要があり、すべて無料にはできない。

終章　明日へ向けて――標準教育のすすめ

未来のことを考えるためには、歴史を学ぶことが大切だ。

エドワード・ハレット・カーの講演を基にした書『歴史とは何か』の中で、彼は、歴史とは「現在と過去との間の尽きることを知らぬ対話」といっている[1]。本書では、国際標準に係わる、現代の多くの現象を、「なぜか」という問いかけに応えるため、現在起きていること、また多くの過去の事例を取り上げ、標準制度の性格が変わってきたことについて論を進めてきた。さて、過去への現在からの対話から、明日へのヒントや教訓が得られるだろうか？　この章では、簡単に、社会制度として重要性をもつようになった標準の歴史を最初に概観し、過去との対話をしてみる。そして、前章までのいくつかのまとめを行ないつつ、明日への課題を考えるため未来との対話を試み、公共政策、とくに標準教育について述べてみたい。

社会制度としての標準

私たちが何かの選択をするとき、何も手がかりがないところからすべてを考え、行動を選択するのは大変である。私たちは、無意識に、今まで行なったことをそのまま無難に繰り返し、前例に従い行動する。このような皆がやっていることを、何度も繰り返していくうちに、考え方や行動に共通の習慣ができ、やがてそれが社会に共有され、制度になっていく。

標準も、多くの関係者が何度も見直しを行ないながらできあがった、過去の記憶を残した文書で、それに従えば同じ結果が得られ、人々の判断や選択をするときの助けとなる。標準は、何かの目的を達成するため、意識的に文書にするところが、習慣とは異なる。また古くから、慣習と同じで、多くの地域にそれぞれの標準が満ちあふれていた。

（1）必要は標準をつくる

先に述べた度量衡は、日本も含め世界のどの地域でも、昔はそれぞれの地域に特定された、重さを量り、長さを測るやり方があり、地域の習慣と不可分に結びつき、地域社会で、理に適うものとして使われていた。穀物の容量を量るとき、標準となっている容器について、寸法はどのように決めたのか、さらにどの高さから穀物を流し込むのか、あるいは標準容器に盛った穀物を、擦り切って平らにして量るなどといった、今の適合性評価に当たるやり方も決まっていた。小売人、農民、職人、消費者がそれらの標準を共有し、度量衡を徹底させ、それが公正に用いられるかは、ギルドの親方などその地域の指導者の義務で、現在の認証費用に当たる手数料は、彼ら指導者に支払われた。他の地域の業者が、その地域に参入しようとするときは、地域限定の標準容器の使用に、手数料のようなものを払わせ、また不正を働くもぐりの職人が現れると、訴訟を起し、廃業に至らしめるなど、今日の特許制度のようなことを行なった。現代と同じく、標準を支配する者は、経済のルールを支配した[2]。

近代化が進む以前の古い時代は、地域ごとに生活の時間や習慣が決まっており、生活領域も狭く、また移動手段も非効率であったため、人々の相互作業がローカルな空間と時間に限定されていた。しかしこのような中でも、地域ごとの度量衡、あるいは標準ができあがっていて、経済的な取引や人々の交流におおいに役に立った。すなわち中世のような古い時代にあっても、人が交流し相互に意思疎通の必要性があれば、現在までも生き続ける標準ができる。

(2) 近代的な標準制度の確立

科学技術の進歩や、交通手段の発達、また政治的な地域の統合など、人々が交流し、相互の行為が重層的に起りはじめると、人々が伝統的に生活を営んできた地域性が、しだいになくなり、より広い範囲の人々が、共通の時間や共通の標準を求めるようになった。

この変化の過程は、いわゆる「近代化」の過程として知られるが、太陽による自然の時間から、機械による時計の時間へと変わり、度量衡もフランス革命時の試みのように、地域ごとの空間の長さや重さから、普遍的な空間の単位へと変わっていった。地域に埋め込まれた時間と空間を、共通の普遍的な時間と空間に変え、近代化の過程が進行していくことになる。

産業革命による経済社会の変化は、地域に埋め込まれた標準制度を大きく変え、新たな仕組みや組織をつくることになる。

鉄道や海運による移動の容易さ、電信、電話などの通信手段、さらに新聞やラジオ、郵便などの伝達手段の発展は、人々の相互の運用をより、必要なものとした。

同時に、人々が作業をし「モノ」をつくったとき、より広い範囲で受け入れられ、使用できるものが要求されるようになった。そこでは同じ結果や成果が期待できる「書かれたもの」を必要とした。文書の内容どおり、実施（モノをつくったり、操作をする）すれば、誰が行なっても同じ結果が得られる標準を。同時に、科学技術の発展に裏づけられた、技術の内容を必要とする標準は、標準に係わる専門家の仕組みを必要とし、先に述べたように、学会を源とする標準機関、国家標準や国際的な標準機関を生み出した。

このような過程で、ワシントン会議の本初子午線会議の例に見られたように、人々が集まり、公平な手続きを経て、意見の違いを討論により解決策を見つける会議運営の方法が、その後も現代まで受け継がれている。すなわち、優れた手続きや手法は、生き残り、受け継がれる。

一方、このような公的な標準の作成機関や合意のつくり方が形成される中で、マルコーニ社などの事業者の市場での自由な活動は問題を生じた。一部の企業家は標準や特許を用い、市場を支配する現在の萌芽となるような動きが現れたが、公共政策の観点から、悪影響を排除するような措置がとられた。

以上述べたように、現代に至るまでの標準の歴史を見てみると、次のような教訓が得られる。
（1）人が交流し、相互に意思疎通の必要性があれば、現在までも生き続ける標準ができる。
（2）優れた手続きや手法は、生き残り、受け継がれる。
（3）公共政策の観点から、悪影響を排除するような措置がとられる。
現代に至っては、情報通信技術の進歩や通信手段の高度化から、制度化された標準機関では時代の要請にタイムリーに応えられず、民間企業や彼らのつくるデファクト標準組織を生み出し、第4章の、標準組織を鳥瞰した図4-2にあるような、国際的な標準をつくる組織ができあがった。適合性評価の行為を行なう組織についても、歩調を揃えて、体系的な地図ができあがった。すなわち、計量標準から、第三者の認証や、また試験や検査のデータの信頼性を保証するための組織ができあがった。

このように標準の機能は、地域に埋もれていたときから現代まで、変わらずに、存在感を大きくしながら、社会制度の一つとして機能してきた。過去数十年前までは、静かに経済社会の動きを下から支えてきた標準から、現在では、経済社会の多くの切り口で、目立つ、存在感を主張する標準に変わってきた。とくに国際標準は、近年大きな注目を浴び、経済や社会制度として重要な位置を占めはじめ、さらに将来に向け、ますますその重要性は高まっていくと思われる。

標準は異なる多くの人々に、繰り返し使用され、経済社会に構造を与え、人々の相互運用の指針をつくり、同時に個々の人々の選択を定義し、制限を加えてきた。

これら標準は、第7章で見たように、技術を固定し、変化を妨げる障害となる場合もあったが、不確実性をなくし、リスクの軽減を図ることにより、多くの人に、未来への行動の指針を与え、科学技術の成果や多くの製品をつくり出す助けになった。

しかし、同時に、私たちの社会は、抽象的な時間や空間のルール、人々の行為を制限し、同じ結果を生み出す標準のルール、さらに数量化され、普遍性を求める、科学技術に裏づけられたルールに支配されることに、違和感をもつことが多い。依然として個人的な感性や、地域の中に埋め込まれた時間や空間に愛着をもち、グローバリゼーションや市場主義の中に、失われたものを感じる人も多いと思われる。

変わる国際標準の意味

現在の国際標準の、経済社会に与える衝撃の大きさについては、すでに第1章から第3章までの章で述べた。ここではその要約をふまえ、国際標準の意味の変化を整理するが、これらは未来への標準の役割にヒントを与えてくれる。

(1) ビジネスの世界

まず第一点は、国際市場で活躍する企業は、ディジタル技術をはじめとする情報通信技術の進歩により、より分散された自らの企業の境界を、標準を基に管理するだけでなく、多くの競争関係にある企業との研究開発や、企業経営の連携を図る必要に迫られ、つねに相互運用できるインターフェイスである標準を意識しなければならなくなった。ビジネスの成功を収めるためには、情報のネットワーク経済を意識し、いかに早く、自らの標準に消費者を取り組み、使いやすさに応えることで、ネットワークを支える標準をさらに強靭にしていく努力が必要になったからである。

第二点は、多くの国際的な制度との複合化が起きていることである。情報通信技術は、伝統的な特許制度とは異なり、多くの特許の藪に囲まれるようになった。かくして、相互運用を可能にする標準と、他者を排除する権利を与える特許の関係は、以前にも増してより複雑になった。標準作成組織のパテント・ポリシーといわれる、標準作成時の事前の特許宣言と、標準の利用者に対して差別をしない、標準に含まれる合理的な実施のルール（RAND）だけでは、問題を解決できない。さらに、独禁当局が長い間禁止していた、パテント・プールの方式により、相互運用にとって必須部分の、ライセンスを与える例が多く見られるようになった。

第三点は、オーディット（監査）文化（248頁参照）への対応である。世界に向かい自らの企業組織が、開かれた透明性を確保し、社会的な責任を果たしていることを、対外的に保証し、信頼性を付与するためには、いくつかの国際機関でできている、組織の管理や社会的責任の標準をより意識するようになった。

このようにして、企業戦略を考えるときに、国際標準は、経営者にとって、もっとも重要な関心項目の一つになった。

(2) 国の規制の世界

規制の一部分に既存の標準を引用することは、かねてから行なわれていたが、EUの二十数年に及ぶ体系的な標準を用いた強制法規の代替は、次の三つの点で、大きなインパクトを与えている。

第一に、国は、できるだけ大きな枠組みを法令で決め、詳細な個々の安全や環境の規制は、多くの標準のプールの中から企業が選択し、さらにその実施は、整合的な適合性評価の道具箱に依存するやり方がEUによりつくられた。

第二に、製品を市場に出すに当たり、規制当局が事前にチェックする方式から、事後の試買テストなどの市場監視や企業の自己責任を原則とする、適合マークの導入への変化は、標準を用いることにより可能となった。

第三に、リスクを評価できる標準を作成し、規制への新技術の導入を容易にした。性能標準を用いて、各国の複雑な規制基準や標準を体系化したプールをつくり、多くの選択肢をつくることを可能にした。国ごとの特定の技術内容への好みを選択肢の一つとし、相互承認により互いに認め合うことで、EU域内を統一市場につくり変えた。

これらの試みは、今後のグローバリゼーション時代の、規制を調和させる一つの具体的な処方箋である。このインパクトは大きい。日本も含め、各国へと広がっているだけでなく、EU自身が、高速鉄道の域内での統一的な運行を行なうに当たり国際標準を用いて行なっている。

（3）市民社会の世界

近年、市民社会の中に自主的な国際標準を使ったＮＧＯや企業グループの活動が浸透している。人権や持続的発展に係わる多くの自主活動による適合マークが、私たちの生活空間に現れるようになった。このような標準を用いた活動は、特定の目的をもち、標準づくりから認証行為までを行なう組織（スキーム・オーナー）が行なっており、従来の伝統的な国連関連の組織による基準類とは異なる。この現象は二つの意味で、現代の社会の標準制度や国の規制分野に大きな影響を与えていくものと思われる。

第一に、本来、公共的な分野として国や国がメンバーである国際機関が役割を担っていた分野は、利害関係者や国ごとに意見が大きく異なり、たとえば十数年交渉しても出口が見えないドーハ・ラウンドのように、必要な規則やルールがつくれなくなっている。

第二に、グローバリゼーションの社会のルールは、それぞれの国の主権が及ばず、民間が主体となって行なう活動が、すなわち国際標準を用いたソフトな規制が、従来の公的機関によるハードな規制に代わり、重要になってきている。

（4）国際標準のガバナンス

このように、標準は、従来、謙虚に縁の下の力持ちとして私たちの生活を支えてきたが、ここ数十年の間に、国際的な場では存在感が大きくなり、全体的な統治や管理が必要となった。それには二つの方向からの、ガバナンスが考えられる。

一番目は、基本的には市場メカニズムにより、時間をかけ、より成長し、淘汰されていくものである。企業戦略のところで見たように、ネットワーク経済によるマイナスの影響や公正取引の観点から、市場の機能を補正する政府の役割は不可欠である。

二番目は、公的部門が係わる標準についてでは、WTOのルールに基づき、「国際標準」という概念のもとで、国の活動に係わる標準を管理する仕組みが、20年前にできあがったことである。「国際標準」の概念は、それぞれの経済主体が「国際標準」に従い、その活動を行ない、問題が起れば、WTOでの調整機能を経て、問題の解決を図るという意味で重要である。「国際標準」については、作成過程の透明性や公平性、科学技術の成果を取り入れた有用性など六つの基準を設けているが、このルールは、あまりにも戦後できあがった国をベースにした国連主義に基づいており、地球時代の現状を反映していないため、限界があるが、WTOの活動の今後の蓄積を待ちたい。

何が変わったか？

同時に、標準の世界自身にも、次のような、いくつかの大きな変化が起っている。

20世紀の初め、英国規格協会（BSI）が世界で始めて、国家標準機関として設立され、最初に鉄鋼関連の標準がつくられた。この標準は、図面や技術仕様が記述されたもので、いわば、簡単な技術者の記録に近いものであった。しかし、標準づくりは次のような技術の進歩を遂げている。

①　**性能標準**　1970年頃から始まった、ISOの性能標準による各国の体系的な標準の階層化の作業は、EUの標準を規制として用いようとする試みと相まって、機械安全の基本的な標準（第2章図2-2）のような新しい分野を開いた。

②　**標準の形式**　標準自身の形式（フォーマット）もしだいに形を整えた。標準の作成と様式に当たっては、ISO／IECの世界共通の標準作成手順書が定められており、ISO／IECの標準全体の整合性が図られている。この様式に基づき、世界中の国が、自国用に引用して、各国で作成された標準類の整合性が図られている（第4章の118頁）。たとえば日本の場合は、規格票の様式（JISZ-8301）がある。また、同時に、文書化に関しても統一がなされ、たとえば守るべき技術内容については、「すべきである」（shall）の文書が使われるようになった。

③　**弾力的な標準づくりと新しい分野**　伝統的な標準づくりからは想像もできないような、対象とするべき標準の技術内容が変わった。すなわち、リスクを取り入れた標準や、第7章のMPEGのところで述べたように、研究開発の成果を並行的に取り入れていく手法が開発され、標準の泣きどころである「技術の固定化」に挑戦できることとなった。また、第7章のナノテクノロジーのところで見たように、研究開発に主導されるような新規の技術分野に体系的に焦点を当て、標準づくりが始まっている。

④　**ソフトな標準**　最大の標準づくりの変化は、ISO9000のような、組織の管理、いわばエンジニアリングの分野（ハードな標準）とは異なる、ソフトな標準ともいうべきものが作成できるようになったことである。今や多くの国際機関は、地球全体の課題である、持続的発展、セキュリティ、エネ

ルギー問題、さらには組織の社会的な責任の分野に取り組んでいる。

このように、国際標準が、いろいろな世界に浸透していく中で、標準をつくる技術は大幅な進歩を遂げたわけである。

投げかけられる疑問

以上述べたように国際標準は社会制度として存在感を増してきたが、同時にいくつかの疑義も生まれた。

(1) 標準づくりとその問題

国際標準の存在感が大きくなり、新しい手法で標準がつくられると同時に、問題も生じはじめた。

① 複雑化する標準

情報通信に係わる新しい技術は、特許の所有者の多さや特許の数の多さから、「特許の藪」の問題を生じた。同時に、標準についても、膨大な量の文書である場合が多く、「標準の藪」の問題を生じている。最先端の情報機器に標準を利用するためには、多くの関連する引用標準をも理解する必要があるため、これらを全体として把握するためには、数万ページの文書を理解する必要があるとされている。この現象は、標準の利用者を限定してしまうことになる。もう一つの例をあげよう。

ＥＵはＣＥマーク制度をスタートさせた後、欧州の域内での、国境のない高速鉄道の運行や安全を確保するため、標準を用いた[3]。これらの標準には、組織の管理の標準として知られるＩＳＯ９０００の考え方を取り入れているものが多い。ＩＳＯ９０００の手法は、米国の宇宙開発の組織ＮＡＳＡを起源とする文書・図書の体系的管理にその源をもち、それらを利用する場合は、多くの体系的な、時系列に沿い、コード番号が整理された文書化を必要とする。ＥＵは、ＣＥマーク制度の延長線上で、高速鉄道の安全や運行効率を国際的な標準にしようとするが、多くの他の国の事業者にとっては、馴染みがなく、このような標準を、積極的に利用することは、多くの労力を必要とする。安全を確保し、運行効率を改善する方法は、ほかにいくつかのやり方があるにもかかわらず、多数決原則により国際的な標準にすることで、他の国の可能性を奪ってしまうことになる。さらに、世界的な認証機関が、欧州に多く存在することにより、標準自身が複雑になればなるほど、ＥＵの関係者が、国際的な高速鉄道のビジネスを展開するに当たり、有利な立場になる。

標準とは、そもそも誰が利用しても同じ結果が得られる文書であったものが、膨大な文書を習得し、体系的な文書化や図書化ができる事業者に、その利用が限定されてしまうという現象が起っている。

② 限定される標準の内容

標準は、多くの技術の選択がある場合に、その選択の幅を限定し、相互運用を可能にするものである。

限定化により相互の運用が可能になり、新しく市場に出す商品の設計を行なう際、標準を用いることで助けられる。また、すでにある社会の技術の体系に、うまく商品が適応できることが予測でき、研究開発のリスクを軽減することができ、技術進歩に大きな貢献をしてきた。一方、選択を排除された側から見ると、標準をつくることにより、本来考慮に入れればよりよくなったかもしれないモノや機会を排除される可能性があるため、全体的に見ると利益を減じているかもしれないと主張する。

標準に対する選択肢の排除や単純化は、長く標準に対する批判として述べられてきたが、そのことを先の第7章で「標準と技術革新」の関係から見てきた。社会学的な観点からの批判もある(4)。

標準が、日常生活でより存在感を増すとともに、単純化や内容の限定に関する批判の書が多く見られるようになった。たとえば、私たちは年齢を経過した数で表し、年齢によりその人の行為を制限したり、機会を与えたりする。また医療関係では、客観的な試験体を、標準的な属性をもった人として、薬や医療器具の評価を行なう。人は、年齢にかかわらず、個々人でそれぞれの能力があり、年齢のみで評価するのは不当であるし、病に関しても個々人により、医薬への感度は異なる。

さらに、計量の標準をつくる過程で、地域に埋もれた、生活に密着した単位や作法も多く排除された。日本でも、和服の仕立てには、鯨尺が用いられたし、大工の作業には、直角に曲がった曲尺が用いられた。標準は、生活や個々人に密接な、感性や多様性をなくしてしまうという、標準の暴力への批判に耳を傾ける必要がある。

(2) 認証ビジネスの隆盛とその問題

① オーディット（監査）文化

第5章の適合性評価のところで述べたことではあるが、第三者評価機関による審査登録事業はISO9000の認証事業をきっかけとして大きく変わった。もともとEUの標準制度を用いる規制の体系に不可欠な部分であったが、世界的に組織の品質管理の認証事業として、100万件を超える事業所に広がり、前例を見ない規模に達した。同時に、BOX5の適合性評価の道具箱を用いた認証事業が、世界中に普及した。一方、1980年頃から、医療分野、環境、人権分野、さらに教育機関の監査などが組織の説明責任と透明さを求め広がっていった。

この時期は、現代のグローバル化した市場経済が、事業者の商品やサービスを地球規模で流通しはじめたときと軌を一にしている。商品の品質や使ったときのリスク、さらに製造した事業者の環境への配慮や社会的責任などが、客観的な基準に照らして、誰にでもわかるような仕組みが要求されはじめた。すなわち、個人や企業が自らを、時には第三者の評価の助けを得て、客観的に表現し、自らを律する市場の参加者になることを意味する。第3章で述べたNGOや事業者の活動も、持続的発展や人権を守ろうとする、市場における自己の規律化の活動の一環であるといえる。

この現象を、文化人類学者の春日直樹は、「オーディット文化[5]」と名付け、自己の規律化の現象として説明している。市場経済は、公正さや独占を排除し、安全の確保と環境保全を前提とする国の定めた土俵の中で、それぞれの事業者が技術や情報を自由に選択し、商品を市場に提供できる自由な活動と、一方の「オーディット文化」による自己の規律化により、市場経済の全体の秩序が保たれるとする。そこでは、個としての組織が、報告書、評価書、診断書、成績書など、形式化された文書により、説明責任と信頼性を付与することとなる。経済や社会の標準の体系に限られた、狭い適合性評価の行為というより、もう少し広い、文化的な側面も含む現代を映す普遍的な行為であるともいえる。

ＩＳＯ９０００のような認証行為は、やたらと形式的な文書を多くつくり、実質的な利益がないとする批判を先の第5章で見た。さらに、このような認証行為は、事業者を超え、個人の資格制度へも広がり、数値化と形式により、個人の能力を矮小化するという批判がある。「オーディット文化」という広い視点から見てみると、標準に係わる認証ビジネスの問題点を超えて、深く現代の社会の仕組みが、さらに自己規律化していく現象の一つともいえる。

② 標準機関の貧困化と認証ビジネス

ＩＳＯ／ＩＥＣを頂点とする各国の国家標準機関は、１９９０年頃までは、作成した標準を、それぞれの自国で販売し、その収益から標準を作成する費用を負担することができた。標準の販売や、解説、セミナーなどを行ない、収益を得、その費用を基に、標準を作成するという、持続的な発展が可能であった。しかし、電子化は、書籍の販売と同様に、標準の販売についても大きな影響を与えた。従来のハードコピーとしての紙による標準の販売を、電子化した媒体が代替していった。とくに英語圏では、電子化した標準は国を超え販売が可能になることから競争が激しくなり、標準の販売による収益は、悪化しはじめた。標準機関は、合理化やリストラを迫られたが、たまたまこの時期にＩＳＯ９０００に見られるような認証事業を手がけることにより、収益の改善が得られた。多くの国家標準機関は、ＢＯＸ５にあるような、各種の認証事業を始めた。第5章で述べた、認証事業者の急速な増大は、標準機関に加え、新規参入が起った。適合性評価の分野でも、競争が激しくなり、いかに標準を作成する標準機関の収益を維持するかが、１９９０年の後半には重要な課題となった。新たな分野を対象とする認証事業をスタートさせるため、標準の作成も認証事業に関連する分野に重点が置かれるようになった。組織管理の分野を例にとれば、ＩＳＯ９０００を個々に差別化した自動車、医療器具、航空機など個別の業種ごとに作成した。また従来ＩＬＯ（国際労働機関）が自らの事業として行なっていた分野にも参入を行ない、ＩＯＳ９０００を源とする標準をつくりはじめた。この一連の動きは、多くの事業者から、第三者の認証ビジネスに不信感をもって見られるようになり、事業者自らが適合していることを対外的に宣言する自己適合宣言のルールの改定が行なわれた[6]。

(3) 標準づくりの改善へ向けて

以上のような、標準制度自体への疑義については、私たちの文明社会が、近代化とともにつくり上げていった標準制度が、現時点で大きな変質を遂げていることから生じている。私たちとしては、このような変化を理解し、その制度を飼いならしていく以外に方法はないと思われるが、社会学者のローレンス・ブッシュが、いくつか指針を示しているので、それを紹介したい[7]。

① できるだけ、現場の関係者の意見を取り入れ、多くの参加を促す。

現在の標準づくりは、多くの専門家を中心になされているが、専門的な知識のない人々の意見や、現場に密着した多様な意見を取り入れ、標準をつくることが重要である。ソーシャル・ネットワークで結ばれた時代には、多様な意見を取り入れることが容易にできる。スコット・ペイジは『「多様な意見」はなぜ正しいか』の中で、知識の異なりだけでなく、問題の見方（視点）が異なる、問題のまとめ方や分類の方法（解釈）が異なる、解決方法が異なる、因果関係の推測のやり方（予測）が異なる、など「異なること」の多様性をできるだけ取り入れることで、多様性をもった集団の力を最大限に発揮できるとしている[8]。このような意味で、現場の関係者をはじめとし、非専門家の多様な意見は大切である。

② 標準による単純化の押しつけを避ける。

ブッシュは、標準が、影響を受ける人の自由な選択を妨げないようにすべしとし、次のように述べている。

標準は、過程を限定するのでなく、結果を規定するような内容にする。たとえば、仕事を規定するときにも、仕事の内容は、できるだけ具体的な記述を避け、自由な選択ができるようにし、結果を見るようにするとしている。すなわち本章でも述べた性能標準のように、弾力的に選択肢を受け入れるようにすることを提案している。さらに次のような指摘もある。数値を基にした、たとえば死亡率などの数値を基にした標準の場合は、最初から対象の異なりや多様性を取り込むほか、死亡率に影響する要素を多く取り入れる。

③　有用な標準をつくる。

標準は、どのように行動したらよいか、また具体的にどのように使うかを明確にしたものをつくるべきだとブッシュは提言している。マークや注意の表示には意味のはっきりしないものが多く、この点を考慮すべきである。

要求される技術内容を達成したかどうかを、定められた方法で明確に試験ができ、適合性評価が可能なものを標準とする。また既存の標準は、往々にしてそのままで、内容が古くなっているものが多々ある。技術や社会情勢の変化に応え、見直しや、改定を行ない、つねに有用なものとして利用できる状態にしておくことが大切である。第6章でも述べたが、国際機関が作成したものでも、改定をせず、内容が、あまりにも古いものがあると、WTO／TBT協定の基準に照らしても、「国際標準」とはいえない。

④　標準を使うことで、新たな思考や行動へつなげる。

標準は、同じ手順ややり方で作業を行なえるよう、作業を定型化し、誰にでもできるようにする。同時に、標準を用いることにより、間違いを防ぎ、作業の重複を防ぐことができる。しかしこのような定型化は、しばしば、考えずに繰り返しの作業を行なうことになり、思考停止に落ち入る。本来、定型化することにより、時間と思考力を温存し、有用な作業に使うことを目的としたものが、長く使っていると逆の結果となる。標準の目的や内容自体に、積極的な手順や、作業や思考を盛り込むことで、つねに考えるサイクルをつくり、新たな行動につなぐことができる。

たとえば、環境管理の標準の中に、つねに改善をするような作業項目を盛り込む、あるいは技術変化の激しい分野の標準には、その変化を再調査し評価するような手順を取り入れる、などをすることにより、標準自身を積極的な道具にすることができる。

⑤　事前予防的な標準をつくる。

将来社会的なリスクが生じることが予測される場合には、できるだけ早めにそのリスクを避ける、あるいは警告を発する標準をつくることを、ブッシュは述べている。第7章の「標準と技術革新」のところで、標準をつくるタイミングを述べたが、技術の固定化を招き、標準自身が関係者の一部分に制限を加えるなど影響が大きいため、多くの要素のバランスをとることが必要であろう。

問題の解決に向けて

従来の伝統的な、かつては静かな縁の下の力持ちの制度であったものが、自らが大きく変容させ、標準自身が自己主張をしはじめた。

情報通信技術の進展は、さらに情報ネットワークを高度にし、「インダストリー4・0」といわれるような、サイバースペースでの次の技術の革新を起そうとしている。そこではディジタル・データをネット上で利用することにより、個人が、モノづくりに参加でき、必要な製品を、必要な場所で、必要な量だけ、さらに必要な要求を入れながら、モノづくりができる。

地球時代における個々の国の安全や環境の規制も、まず強制的な技術基準よりも、多くの国で納得できる基本的な枠組みの中で、それぞれの関係者が、国際的な標準を利用し、問題を解決することが、課題となる。

また個人の日常的な生活空間では、個人情報の保護や情報のセキュリティが、ますます重要になってくる。情報のネットワークと関連したこのような新しい動きは、いずれも「標準」をどのように設定するかが重要な課題となる。

繰り返し本書で述べているが、「国際標準」は、ここ数十年の間に、その制度の性格を自ら大きく変えてしまい、国際標準をどのように理解し、また利用するかは、企業としての事業者だけでなく、市民社会の人々、またアカデミックの人々にとっても、喫緊の課題である。

本章の最初に述べたこととの繰り返しになるが、標準の歴史を、現在と対話を行なうことで次のような教訓を得た。

（1）人が交流し、相互に意思疎通の必要性があれば、現在までも生き続ける標準ができる。
（2）優れた手続きや手法は、生き残り、受け継がれる。

(3) 公共政策の観点から、悪影響を排除するような措置がとられる。

将来に向けて、標準の課題を検討するには、長い歴史の教訓をふまえることが重要である。それぞれの点からどのような示唆が得られるだろうか?

まず一番目の点は、将来の、ますますネットワークを中心にした高度情報社会においても、標準は必要なもので、現代の課題をふまえた、ブッシュが提案しているような点をふまえ、標準づくりを行なうことが肝要である。国際標準は、ややもすると、先端的な技術分野や持続的発展といった大きな地球的なテーマに集中されるが、ローテク分野での標準化も重要である。ニーズが共通する、発展途上国での基本的なニーズに応える標準は、今まで注目を浴びることが少なかったが、多くの標準化すべき分野がある。(9)

二番目の点は、いいモノを残していくという教訓である。本書で見たように、標準づくりの技術や手法は、近年大きく進歩し、これらの成果をふまえた標準づくりが望まれる。また規制に標準を用いるEUの試みは国際化時代の一つの大きな教訓で、それぞれの分野での進化が望まれる。従来標準づくりは、関係者が1カ所に集まり会合をもったが、情報機器を使うことにより、コストのかからない標準作成方法が出現する可能性がある。情報ネットワークは標準づくりに大きな影響を及ぼす。優れた手法としてできあがったものを、多くの人々が共有することは、歴史の教訓でもある。

三番目の点は、本章で述べた、いくつかの弊害は、公共政策によって軌道修正されるということである。これについては、次の節で述べる。

公共政策への期待

グローバリゼーションの時代における国としての個々の政策は、かつてのように、個々の国における産業や技術の振興を図るものから、国際的な視点をもった方向に向いていかざるを得ない。同時に、基礎的なインフラに相当する部分に焦点を当てることが重要である。

このような観点をふまえ、公共政策として、一番重要なことは、知的な基盤をつくることである。事業者、市民社会、官僚、さらにアカデミック全般にわたり、標準の意味を理解し、とくに国際標準に向き合える感度を高めるような標準教育が何よりも大切だろう。

前節の改善すべき諸点に関し、標準を作成し、標準の利用をするに当たり、専門家のみでなく、草の根から、多くの現場から、広く「声」が上がり、国際的な場へと反映されることが望ましいと思う。標準教育に触れる前に、公共政策の観点から、次の点を喚起したい。

第一に、範囲の広い国際標準のデータ・ベースを整備することがあげられる。

第4章の図4-2で、国際標準をつくる組織を鳥瞰した。国際標準は、特定の国際標準機関であるISO/IECのように、標準という言葉を使う、狭い範囲に限定して考える人が多く見られる。WTO/TBT協定のところでも述べたが、「国際標準」は、国連の関係機関のみが作成している標準以外にも該当するものが多く、一方、OECDのような国際的機関や米国の国際的な標準機関も有用な標準を多く作成している。同時に、民間企業中心に作成される有用な標準も多くある。標準に関係したフォーラムやコンソシアムに造詣の深い、米国国家規格協会ANSIの理事を務める、アンドリュー・ウンデグローブは、米国には600以上のこれらの組織があり、活動分野も重複しているため、データ・ベースを作成することを提案している[10]。

標準を利用するに当たり、複雑な標準の森を探索していくには、費用も時間もかかる。また新しく標準を作成するときに、データ・ベースがあれば作業も効率的になる。

ISO／IECでは、100以上に及ぶ国際的な標準をつくる機関と連携して、データ・ベースの整理が進んでいるが、日本の場合は、言葉の問題もあり、利用することは難しい。そのため、日本人の関係者が日本語で利用できる、ISO／IECも含めたデータ・ベースの完成が望まれる。

第二に、第5章の道具箱として示した適合性評価のルールを、広く法規制に採用すべきである。日本の安全確保や環境保全の多くは、法の実施に当たり、独自の要領をつくり実施しているものが多くある。第5章でも述べたが、適合性評価の道具類は、すでに多くが標準化し、考え方が統一され、普遍的に多くの国に適用できる。すなわち適合性評価の国際的な整合化を、計画的に実施すべきである。これは、国の機関のみならず、法規制に関連する特定の組織も、統一された国際的な適合性評価の規定に沿い運用し、省庁間の境界をなくした認証事業を可能にする。このようにすることで、外国の事業者から見たときの、規制の実施に対する透明性を増すとともに、国際的な認証機関とも同じ土俵で競争ができるようになり、ひいては強靭な認証機関を日本につくることになる。

標準教育のすすめ

高等教育機関では、たんに自然科学や社会科学の知識のみでなく、それらが経済社会の中でどのような役割を果たすのか、あるいは学問的な技術成果を実らせるためにはどのような制度や知識が必要とされるのか、など多方面の課題について議論がなされている。国際標準もそのような中の重要な課題である。

企業においては、経営戦略の観点から国際標準の重要性を強く認識してきたが、従来、ややもすると、国際標準に関する人材は、試行錯誤により育成が行なわれてきた。近年、ディジタル技術の進展や、将来へ向けてのネットワーク社会の進展により、さらに国際標準の重要性が認識されるようになった。

市民社会の個人においても、マークやピクトグラムのように、標準がたんなる情報を提供し、生活を便利にするという視点を超える現象が現れるようになった。身の回りに海外で普及しているマークが氾濫し、さらにＮＧＯが環境保護の分野で自主活動を行なうように当たり、自らの適合マークを使うようになるなど、標準との深い係わり合いをもちはじめた。

国際標準の問題は、たんに標準づくりの問題だけでなく、それに伴う適合性評価の問題や、知的財産制度との係わり、さらにＷＴＯ／ＴＢＴ協定など他の制度との係わりや、標準づくりの制度や組織の問題など多方面にわたる問題が関係する。

また標準の内容も、従来の伝統的なエンジニアリング技術を基にした標準のみでなく、環境やセキュリティ、組織の社会的責任など、ハードな標準からソフトな標準まで多岐にわたる。

国際標準は、標準機関のつくる、いわゆるデジュール標準だけでなく、情報通信分野、広く製造業やサービス業にわたり、個人の資格で国際標準づくりを行なう組織、また企業が集まったフォーラムやコンソシアムでの標準づくりの機関があり、組織が相互に関連をもつ。さらに、存在感を増す標準の問題や、標準をつくることによる社会への影響について、柔らかい感受性をつねにもつことが、重要である。

このような複雑な「国際標準」の知識を、体系化したカリキュラムのもとで、短時間でその知識を移植する標準教育が、20年近くの間に、高等教育機関をはじめとし、多くの組織で、今世界的に広く行なわれるようになってきている。すでに教材や手法をシェアする多くのネットワークができあがり、それぞれの国で、それぞれの大学が特徴ある取り組みを行なっている。今後も経済社会の変化とともに標準教育はその内容を変えながら、高等教育機関などで重要な分野として取り上げていくことに変わりはないと思われる[11]。

最後に日本工学教育協会の佐々木元元会長（元ＮＥＣ会長）の言葉[12]を引用する。


日本の大学でも国際標準の講義等が近年行なわれるようになったと聞く。研究や講義で教員や研究者が、学生のために工学の知識を身につけるためいい教材や手法を使うことは従来から行われてきたが、私は現代の学生は、卒業して社会に出て活躍する前に、単に工学や科学の知識だけでなく、其の知識がどのように商品化され、社会の中で生かされていくのかを一般的な教養として身につけるべきだと思う。

若い時に形成された、社会を見る感度はその後の社会の組織の中の活動に大いに役立つ。標準の様な問題は、学術的な研究から見ると余り魅力的に思えないが、大学の工学教育の過程で、一般的な教養として身につけ、自分の工学の知識に、〝国際標準からの視点〟を作れたらいいと思う。

また、標準教育について私は次のように考える。

国際標準の知識は、たんなる標準づくりや国際交渉のための知識だけでなく、未来にかけての私たちの社会に不可欠なものと考えている。おなかの空いている人に、単に穀物や魚を与えるのでなく、食料のつくり方や魚の釣り方を教えれば、それが核になり、しだいに、いろいろの食べ物や魚がとれるようになる人が増えていく。標準教育とは、たんなる知識の移転だけではない[13]。

何よりも大切なのは、多くの人に国際標準の経済社会の役割を理解してもらい、「声」（voice）を上げ、対話をつづけることである。

注

（1）E. H. Carr, *What is History*, Macmillan, 1961. 清水幾太郎訳『歴史とは何か』岩波書店、１９６２年。

（2）フランス革命以前のアンシャン・レジームの度量衡の取引の実態は、ケン・オールダー／吉田三知世訳『万物の尺度を求めて』早川書房、２００６年、の第5章に詳しい。

（3）ＥＵは、次の標準を作成し、ＩＥＣの標準とした。

①　鉄道システムの安全性を目標とする指標とし、ライフサイクル全体の危険源と故障率を低減するための標準（IEC61508）。

②　鉄道システムの、信頼性、運用効率、保守と安全が、製品のライフサイクルを通じて、経済性と両立しながら、許容されるリスク内に維持できることを保証する評価手法（IEC62278RAMS）。

これらのＩＥＣの標準の検討は、欧州のメンバーが主体で、前にも述べたように決議の方法は多数決方式のため、日本は不利になる。米国は高速鉄度の事業者がいないことも、不利となる大きな要因である。溝口正仁ほか『鉄道ＲＡＭＳ』日本鉄道車両工業会ＲＡＭＳ懇話会、成山堂書店、２００６年、参照。

（4）標準を作成するときの、単純化したモデルなどへの批判に次がある。M. Lampland *et al.* (eds.), *Standards and Their Stories: How Quantifying, Classifying, and Formalizing Practices Shape Every Life*, Cornell University Press, 2009.

（5）「オーディット文化」については、春日直樹『遅れの思考――ポスト近代を生きる』東京大学出版会、２００７年。また社会学分野から多くの批判的な書籍がある。M. Power, *Audit Society: Ritual of Verification*, Oxford University, 1999. M. Strathern (ed.), *Audit Culture: Anthropological Studies in Accountability, Ethics and the Academy*, Routledge, 2000.

（6）このような認証を意図した標準づくりに関してとりわけ大企業からの反対が大きい。とくに「組織の社会的責任」の標準づくりは、ＯＥＣＤほかすでに有用な指針があること、認証事業につながることなどの理由から、多くの事業者からの反対があり、標準とはならず指針にとどまっている。また社会的責任の指針は、ＷＴ

OのTBT協定に関して単なる参考としてしか位置づけられていない。認証関連の標準の監視のための、世界的な企業の組織ICSCA（Industry Cooperation on Standards and Conformity Assessment）がある。

（7）L. Busch, *Standards: Recipes for Reality*, MIT Press, 2011.

（8）S. Page, *Difference: How The Power of Diversity Creates Better Groups, Firms, School, and Societies*, Princeton Universit, 2007. 水谷淳訳『「多様な意見」はなぜ正しいか』日経BP、２００９年。

（9）ローテク分野での標準の問題は、所得は低いが人口の多い層（BOP, Bottom of Pyramid）に注目して標準をつくる考え方がある。C・K・プラハラード／スカイライト・コンサルティング訳『ネクスト・マーケット――「貧困層」を「顧客」に変えるビジネス戦略』英治出版、２００５年、D. Edgerton, *The Shock of the Old: Technology and Global History since 1900*, Profile Book, 2008. またモジュールの考え方で、ローテクの標準を考えている文献に次がある。Low Tech Magazine, "How to Make Everything Ourselves: Open Modular Hardware," http://www.lowtechmagazine.com/low-tech-solutions.html（２０１７年1月現在）

（10）A. Updegrove, *Technology, Standards and Today's SDOs*, ASTM Standardization News, March/April, 2011, 20-23.

（11）田中正躬「高等教育機関での標準化教育の変遷と高度化」『工学教育』63巻、3号、２０１５年、６－11頁。M. Tanaka *et al.*, Intrduction to the Standards Education Program Related to Social ICT at the University of Tokyo, World Standards Corporation（WSC）Academic day 2013 ETSI Sophia- Antipolis France, June 2013.

（12）佐々木元「国際標準に係る人材の育成について」『工学教育』63巻、3号、２０１５年、４－５頁。

（13）M. Tanaka, "Learn to Fish: Why Standards Education is Must," *ISO Focus*, June 2011, 19-20.

おわりに

本書の標準の定義に従い、文書として書かれた標準を探すと、一番古いものはギリシャ時代にパンテオンの柱をつくる、石柱の部分の留め具の標準である。ギリシャ時代にできた多くの神殿の柱はこの標準が用いられた。アポロの神託をつかさどるデルフィの神殿もその一つである。ゼウスが世界の東と西の端から、2匹の鷹を放し、デルフィの神殿がある場所で出会った。キリスト教が支配するまで、世界の臍（omphalos）に当たる場所として、1000年以上にわたり、この世の運命を告げる神託を発する世界の中心となる場所であった。その場所に神託を聞きにきた人は、神殿の入り口に三つの神託が刻まれていたのを見たとされている。「汝自身を知れ」「多くを求めるな」「無理な誓いはする」という三つである。

本書で述べたように、標準は、長い歴史の中でそれぞれの役目を果たしてきたが、現代の国際化時代ほど、その役目が重要になった時代はない。古い時代の人類への教訓である三つの神託に込められているメッセージを、現代の標準をつくる人、使う人は、それぞれが異なる解釈をすると思う。標準自身の本来の役割をよく認識し、バランス感覚をもち、標準に向き合うことの重要性を、この神託からくみ取れといっていると私は思うのだが。

一番目の神託は、ソクラテスと対話をした人々が、自らの無知を思い知らされた言葉として、深い意味をもつものとされる。ソクラテスは、静かに毒をあおる前に、次のような最後の謎の言葉を発し死んだとされる。「クリトン（ソクラテスの弟子）、アスクレピオス（アポロの息子で、医術に長け、死者を蘇らせる神）に鶏のお供えをしなければならない。必ず忘れずにその責を果たしてほしい」。この言葉は多くの解釈があるが、国際標準を考えてきた本書の延長線上で考えると、次のように解釈できる。

鶏は、朝になると生き返らせてもらい、必ず鳴き始める。ソクラテスは、対話を続けることを生涯、重要なこととした。鶏をアスクレピオスの神に捧げることは、朝になると鶏が生き返り、鳴き声により言葉を発し、対話を続けることを願ったのではあるまいか。

国際標準についても、多くの関係者を含め、つねに対話を行ない、バランス感覚をもちながら、新しい時代に立ち向かっていくことが一番大切ではないかと、ソクラテスが今生きていればいうかもしれない。

私は、一国家公務員として長く、産業政策の仕事に従事し、国際標準についてもある時期から深い係わり合いをもつようになった。また近年、いくつかの大学で産業政策や国際標準について講義をもつようになった。この間、海外の人々も含め、多くの公務員の方々、産業界の人々、大学関係の先生方また講義に参加していただいた受講者から、たくさんのことを教えていただいた。本書は、このように多くの学んだものを自分なりに再構成したもので、とくに大学での国際標準の講義を基に全体の構成を考えてみた。このようなことから、本書を上梓するに当たっては、多くの人々のお力添えをいただいた結果である。これらの方々に、感謝の意を表したいと思う。

ここではとくに、全文を何度も読み、個々の表現や構成まで貴重な助言をいただき、出版にご尽力いただいた、東京大学出版会の丹内利香さんに感謝の気持ちを記したい。

2017年1月　田中正躬

付録　世界の主な標準関係の組織

略称	名称	説明
AIDPC	Agreement on the International Dolphin Conservation Program	国際的イルカ保全プログラムに関する協定。全米熱帯マグロ類委員会の国際イルカ保存計画。1999年発効
ANSI	American National Standards Institute	米国規格協会。1918年設立。日本のJISCに対応
ASTM	American Society for Testing and Materials	米国の鉄道事業の標準作成のため設立。その後、石油、鉄鋼関連を始めとし、広く試験方法や、材料に関する多くの世界標準を作成している。1898年設立
BSI	British Standards Institution	英国規格協会。英国標準をつくる民間組織。1903年設立。世界初の国家標準機関、日本のJISCに対応
CASCO	Committee on Conformity Assessment	ISOの適合性評価を扱う委員会。1985年設立。前身はCETRICO
CE	Comite Europe	CEマーク。EC指令に適合していることを事業者が自己宣言するマーク
CEN	Comité Européen de Normalisation	欧州の標準作成機関。1961年設立。電気分野は欧州電気標準化機構（CENELEC、1963年設立）。両者とも隣接してブリュッセルに立地。ISO/IECと同じ関係
EN	European Norm	欧州標準。日本の国家標準JISに対応
EU	European Union	欧州連合。1993年ECから名称変更。EECとして1957年設立

FLO	Fairtrade Labelling Organization	発展途上国のコーヒー生産者を援助する "fair trade" マーク のスキーム・オーナー。1997年設立
FSC	Forest Stewardship Council	世界の森林資源の持続的発展を目的とする認証機関。1993年に設立。類似のものに、SFI：Sustainable Forestry Initiative（1994年設立)、PEFC：Programme for the Endorsement of Forest Certification（1999年設立）がなどある
GATT	General Agreement on Tariffs and Trade	関税および貿易に関する一般協定。1948年設立。戦後の貿易拡大のための基本的な協定
HSE	Health and Safety Executives	英国健康安全局。1975年設立
IEC	International Electrotechnical Commission	国際電気標準会議。1906年設立。ジュネーブに本部。ISOに隣接
IETF	Internet Engineering Task Force	インターネットで利用される技術の標準を作成している個人会員からなる組織。1986年設立
ILO	International Labour Organization	国際労働機関。労働者の安全と生活水準の向上を目的とする国連関連の専門組織。労働者の安全のための多くの条約、また技術基準を作成している。1919年設立
ISEAL	International Social and Environmental Accreditation and Labelling	国際社会環境認定表示連合。世界の持続的発展のため、12のNGOのスキーム・オーナーからなる組織。標準や認証に関する統一化を目指す。2002年設立
ISO	International Organization for Standardization	国際標準化機構。IECと同様、国連系列の組織で、多くの国際標準を作成。1947年設立。民間の機関
ITU	International Telecommunication Union	国際電気通信連合。電気通信分野の国がメンバーである国際機関。1865年に前身ができあがる。ジュネーブに本部
JIS	Japanese Industrial Standards	日本工業標準。日本の国家標準。先進国では例外的に国が自ら標準を定めている

JISC	Japan Industrial Standards Committee	日本工業標準調査会。JIS を作成。また、ISO/IEC への日本代表
OECD	Organisation for Economic Co-operation and Development	経済協力開発機構。先進国により国際経済全般について協議をするためフランスに設立された機関。化学の安全に係わる多くの世界標準を作成。1961 年設立
OSHA	Occupational Safety and Health Administration	米国労働安全衛生局。1970 年設立
SEA	Single European Act	単一欧州議定書。1986 年に調印。1992 年末までに欧州の統合をさらに進めるための条約
TBT	(Agreement on) Technical Barriers to Trade	貿易の技術的障害に関する協定。GATT のスタンダードコードを発展させたもの。標準を含めた非関税障壁をなくしようとするもの
TC	Technical Committee	標準をつくるための技術分野ごとの（ISO や IEC などの）技術委員会
W3C	World Wide Web Consortium	W3 で使用される技術の標準化を目指す組織。1994 年に設立
WTO	World Trade Organization	世界貿易機関。1995 年設立。GATT の機能を拡大。世界の貿易に係わるルールを設定

マ　行

ラ　行

ワ　行

欧　文

タ　行

ナ　行

ハ　行

索　引

ア　行

カ　行

サ　行

著者について

田中正躬（たなか・まさみ）

1968年、京都大学大学院工業化学科修士課程を修了し、通商産業省に入省。多くの分野で通商産業政策の業務に従事。その後日本化学工業協会副会長、日本規格協会理事長などを務める。この間、太平洋地域標準会議の議長を務めるほか、ISO（International Organization for Standardization）会長、米国の標準機関ASTM（American Society for Testing and Materials）理事。

また、1976年、英国サッセクス大学修士（MPhil）課程を修了後、同大学の科学政策研究所（Science Policy Research Unit: SPRU）の研究員、埼玉大学大学院政策科学科教授、政策研究大学院大学客員教授を歴任。

現在、日本規格協会顧問、東京大学非常勤講師など。

主要著書：『広がるインフラビジネス――国際標準化で巨大市場に挑む！』（共著、日本規格協会、2011年）、『幹細胞技術の標準化――再生医療への期待』（編著、日本規格協会、2012年）、『最新ナノテクノロジーの国際標準化――市場展開から規制動向まで』（編著、日本規格協会、2013年）。